U0237560

生态公益林信息管理系统研究与实践

彭词清　杨城　刘碧云　主编

中国林业出版社

·北京·

图书在版编目(CIP)数据

生态公益林信息管理系统研究与实践／彭词清，杨城，刘碧云主编. —北京：中国林业出版社，2021.1
ISBN 978-7-5219-1001-8

Ⅰ. ①生…　Ⅱ. ①彭…②杨…③刘…　Ⅲ. ①公益林–管理信息系统–研究　Ⅳ. ①S727. 9-39

中国版本图书馆 CIP 数据核字(2021)第 020784 号

责任编辑　于晓文　　于界芬

出版发行　中国林业出版社(100009　北京西城区德内大街刘海胡同7号)
网　　址　http：//www. forestry. gov. cn/lycb. html
电　　话　(010)83143542　83143549
发　　行　中国林业出版社
印　　刷　河北京平诚乾印刷有限公司
版　　次　2021 年 5 月第 1 版
印　　次　2021 年 5 月第 1 次
开　　本　787mm×1092mm　1/16
印　　张　14
字　　数　332 千字
定　　价　90. 00 元

《生态公益林信息管理系统研究与实践》
编 委 会

主 编 彭词清 杨 城 刘碧云

副主编 薛冬冬 蔡安斌 徐增燕

编 委 (按姓名拼音排序)

陈启程 陈寿坤 陈伟文 成世连 冯 艺

何金全 何一心 胡辰辉 黄妃本 黄文杰

姬文斌 蒋雪冰 江惠兰 乐 平 雷名武

梅文科 王雅祺 王月华 吴梓彦 杨艳婷

曾 嘉 战国强 张艳艳 张智昌 郑洁玮

钟春连 周少亭

前 言

在生态系统中,森林处于陆地生态系统的主体位置,是地球陆地上覆盖面最大、结构最复杂、生物多样性最丰富、功能最强大的自然生态系统。生态公益林,是指生态区位极为重要,或生态状况极为脆弱,对国土生态安全、生物多样性保护和经济社会可持续发展具有重要作用,以提供森林生态和社会服务产品为主要经营目的的重点的防护林和特种用途林。生态公益林建设是我国生态文明建设的重要组成部分,是保护和改善人类生存环境、维护国土生态安全、促进经济社会可持续发展的必要保障。

生态公益林的建设与管理,它涉及人员管理、资金发放、档案查询、林地管护与变更等繁琐复杂内容。通过生态公益林管理精细化建设,建立生态公益林林地管护、林地分布、资金补偿等动态信息管理平台,可以为各级林业部门快速有效准确地实现数据共享,对生态公益林进行有针对性的、科学有效的规范管理,全面提高生态公益林的综合管理水平。

本书总结了国内外空间信息技术在林业方面的应用,结合计算机网络与通信技术、数据存储技术、"3S"技术等,以完整的案例形式,通过生态公益林信息管理系统统一平台建设,系统地阐述了生态公益林信息管理的研究开发与实践应用。全书共分十一章,第一章主要介绍生态公益林信息管理系统项目的研究背景;第二章对生态公益林信息管理系统的用户需求作了详细的分析;第三章是研究采用的设计依据;第四章详细介绍了生态公益林信息管理系统的总体方案;第五章对生态公益林信息管理系统数据库设计进行了详细阐述;第六章主要阐述生态公益林信息管理系统的软件设计;第七章介绍了生态公益林信息管理系统的用户界面；第八章是系统部署方案；第九章对生态公益林信息管理系统的应用案例进行了详细的分析；第十章介绍了外业数据采集终端的需求及使用方法；第十一章分析了生态公益信息管理系统的应用前景与展望。本书突出的特点：一是以完整的案例建设过程，结合用户实际需求进行研究，系统实用性强；二是采用新一代信息技术为手段开发，系统可扩充性强；三是从用户易用性出发研究开发，界面友好、便捷易用，系统可操作性强。

本书是广东省岭南综合勘察设计院信息技术团队从事广东省生态公益林信息管理系统研究开发与实践工作的结晶。在研究编写过程中，得到了广东省生态公益林管理中心、惠州市林业局、广东省林业调查规划院领导及技术人员的大力支持，并为本书提供了很多第一手资料及有益的建议，在此表示衷心的感谢。

由于编者水平所限，书中难免有疏漏和不足之处，敬请专家、读者批评指正。

编　者

2020 年 8 月于广州

目 录

1 研究背景

1.1 生态公益林概述

生态公益林是指为维护和改善生态环境，保持生态平衡，保护生物多样性等满足人类社会的生态、社会需求和可持续发展为主体功能，主要提供公益性、社会性产品或服务的森林、林木、林地。

生态公益林建设是我国生态文明建设的重要组成部分，是我国经济社会可持续发展的重要基础，也是维护国土生态安全的重要保障。我国高度重视生态公益林建设，将其纳入国家和地方各级人民政府国民经济和社会发展规划，建立了生态公益林保护与管理、生态效益补偿机制，制定了生态公益林建设标准及法律法规。科学、有效地管理好生态公益林，促进其健康发展，是一件利国利民的大事。

1.2 国内生态公益林建设历程

1.2.1 决策形成期(1992—1995 年)

1992 年，为应对全球环境持续恶化、经济发展日趋失衡的严重问题，联合国组织召开了环境与发展大会，会议通过《里约热内卢宣言》和《21 世纪行动议程》。《21 世纪行动议程》呼吁各国制定和组织实施相应的可持续发展战略、计划和政策，以迎接人类社会面临的共同挑战。中国政府响应联合国环境与发展大会的号召，率先制定了国家级的可持续发展战略——《中国 21 世纪议程——中国 21 世纪人口、资源与环境白皮书》，并于 1994 年 3 月批准实施。

林业部(现为国家林业和草原局)组织 40 多名专家，经过半年研讨论证，编制了《中国 21 世纪议程林业行动计划》，于 1995 年 3 月通过国务院审议并颁布执行。行动计划明确提出：建立适应可持续发展的林业经营管理体制，实施林业可持续发展战略，建设比较完备的林业生态体系和比较发达的林业产业体系，正式拉开了林业体制改革的序幕，对我国林业未来的发展具有深远影响。

1995年8月，国家体制改革委员会和林业部联合颁布了《林业经济体制改革总体纲要》（体改农〔1995〕108号），我国正式开始实施分类经营、分类管理的林业经营体制，森林资源按照森林的用途和生产经营目的划分为公益林和商品林。将用材林、经济林、薪炭林纳入商品林类；将防护林和特种用途林纳入公益林类。

1.2.2　试点建设期（1995—2003年）

生态公益林建设是一项政策性强、涉及面广的生态系统工程，关系到社会各方面和广大林农的切身利益。从1995年开始，全国各地组织实施了大量的生态公益林划定试点工作，积极解决发现的问题，从实践中摸索经验，不断制定和实施各项生态公益林管理制度和建设标准。

2001年3月，为指导各地开展林业分类经营工作，做好国家公益林与地方公益林的事权划分，国家林业局颁布施行了《国家公益林认定办法（暂行）》（林策发〔2001〕88号），为生态公益林建设奠定了牢固的制度基础。

2001年11月，国家财政部颁布了《森林生态效益补助资金管理办法（暂行）》（财农〔2001〕190号），明确了森林生态效益补助资金的补偿对象、范围、标准、申报流程、拨付方式和监督管理方式，初步构建了生态公益林补偿资金管理体制，宣告我国森林生态效益补偿机制正式形成，为生态公益林建设的良性发展奠定了坚实的基础。

同年，国家林业局植树造林司和国家林业局调查规划设计院联合制定了生态公益林建设的三项国家标准《生态公益林建设导则》（GB/T18337.1—2001）、《生态公益林建设规划设计通则》（GB/T18337.2—2001）及《生态公益林建设技术规程》（GB/T18337.3—2001）。《生态公益林建设导则》主要规定了生态公益林建设的指导思想、原则、对象、建设程序、内容、类型、重点与建设分区，提出了生态公益林建成标准、建设质量评价标准和生态公益林利用的指导性、原则性要求；《生态公益林建设规划设计通则》主要规定了生态公益林地区划、规划、设计的任务、内容、方法、成果整理与精度等要求；《生态公益林建设技术规程》主要规定了生态公益林营造、经营、林地配套设施建设，以及生态公益林建设档案管理等技术要求。

2003年，《中共中央国务院关于加快林业发展的决定》（中发〔2003〕9号）明确了生态公益林的管理体制、经营机制和政策措施。决定提到"公益林业要按照公益事业进行管理，以政府投资为主，吸引社会力量共同建设。凡纳入公益林管理的森林资源，政府将以多种方式对投资者给予合理补偿。公益林建设投资和森林生态效益补偿基金，按照事权划分，分别由中央政府和各级地方政府承担。加大政府对林业建设的投入，要把公益林业建设、管理和重大林业基础设施建设的投资纳入各级政府的财政预算，并予以优先安排。森林生态效益补偿基金分别纳入中央和地方财政预算，并逐步增加资金规模。"

1.2.3　高速发展期（2003年至今）

从2003年开始，生态公益林建设进入高速发展的快车道，每年新增公益林面积和所占比重都在快速增长。一方面是各级政府在实施上加大了力度，政策法规不断完善，生态效益补偿资金逐步落实并逐年提高；另一方面是人民群众的生态保护意识在不断增强，参与生态建设的积极性不断提高，生态公益林建设的社会效益在逐步显现，形成了正面良性的社会舆论氛围。

2014 年 4 月，财政部、国家林业局联合制定了《中央财政林业补助资金管理办法》（财农〔2014〕9 号），加强规范中央财政林业补助资金使用和管理，提高资金使用效益。

2017 年 4 月，针对新时期国家级公益林区划界定和保护管理中出现的新情况和新问题，国家林业局、财政部联合颁布《国家级公益林区划界定办法》和《国家级公益林管理办法》（林资发〔2017〕34 号），进一步规范和加强了国家级公益林区划界定和保护管理工作。

1.3 广东省生态公益林建设概述

1994 年 5 月，广东省人大颁布《广东省森林保护管理条例》，正式以立法方式对全省森林实行生态公益林、商品林分类经营管理，在全国率先落实森林分类经营制度。1999 年，广东省制定了《广东省生态公益林建设管理和效益补偿办法》，在全国率先实施生态公益林效益补偿制度。

经过近二十年的建设，2013 年，广东省省级以上生态公益林面积提高到 6214.21 万亩，占林业用地面积的 37.7%，位居全国前列，林分整体质量逐步提高，森林生态状况明显改善。

2012 年，广东省委、省政府启动新一轮绿化广东大行动以来，广东省生态公益林建设继续大胆探索，率先建立健全森林生态效益补偿稳步增长机制，率先实行生态公益林激励性补助制度，推动生态公益林建设管理工作继续走在全国前列。据统计，"十二五"以来，中央和省财政共投入补偿资金达 84.3 亿元，惠及全省 560 万户林农、2650 万人，占全省农业人口的 2/3。

1.4 国内生态公益林信息化管理现状

1.4.1 生态公益林信息管理现状

生态公益林管理涉及到生态公益林资源档案管理、生态效益补偿资金管理、生态公益林管护管理、生态公益林文档资料管理等，信息种类比较广泛和复杂，信息数量比较庞大。现行的生态公益林管理方法以专业人员手工操作、纸质资料存档保管为主，随着生态公益林面积的不断扩大，生态效益补偿资金发放规模的逐年递增，公益林管理部门的工作量越来越大，相应的生态公益林管理手段和方法已明显滞后于生态公益林建设的步伐，更落后于信息化社会发展的整体水平，在生态公益林管理领域引入信息化管理手段已经势在必行。

1.4.2 生态公益林信息化建设现状

林业信息化建设是林业现代化建设的重要组成部分，是推进林业科学发展的重要手段。2008 年国家林业局组织制定了《全国林业信息化建设纲要》和《全国林业信息化建设技术指南》。2009 年召开的首届全国林业信息化工作会议，确定了"加快林业信息化，带动林业现代化"的发展思路。

国家林业局(现国家林业和草原局)非常重视生态公益林管理的信息化建设工作，从 2005 年开始，在全国各省市范围内陆续启动了生态公益林信息管理系统的开发和应用工作，这些信息系统建设以森林资源信息、基础信息为主体，以标准化体系的建设为基础，初步确定了生态公益林资源信息统一管理、共享的建设和运行形式。目前有北京市生态公益林管护系统、贵州省生态公益林信息管理系统、浙江省生态公益林信息管理系统、辽宁省生态公益林管理系统等已经建成并投入使用，取得了一定的经验和成效。

技术手段方面，部分系统由于建设时间比较早，受当时技术水平的制约，地理信息系统技术(GIS)没有完全融合到系统设计之中，以至于系统功能上存在短板，不能完全挖掘信息化管理手段的效能。

技术路线方面，有些系统的功能设计没有充分结合基层林业工作人员的需求，在实际工作中难于操作，造成使用率低，推广难度大。

1.5 生态公益林信息化管理建设的必要性

1.5.1 促进林业的精细化管理

随着计算机和网络技术的不断发展，信息技术在林业领域的应用不断深入，不但提高了林业资源调查的精度，也提高了林业资源管理的效率，节省了人力、物力和财力。特别是"3S"技术(遥感技术 RS、地理信息系统 GIS 和全球定位系统 GPS 的统称)的大规模推广应用是一种必然趋势，利用"3S"技术进行林业数据综合分析处理，提供动态的林业资源信息和丰富的图文数表，为林业管理提供了完善的决策依据，逐步改变传统的林业管理手段，促使林业由单一粗放的管理模式迈入精细化的管理模式。

1.5.2 加快推进生态文明建设

党的十九大提出"加快生态文明体制改革，建设美丽中国"，生态文明的内涵是提供更多优质生态产品以满足人民群众日益增长的优美生态环境需要，实现人与自然和谐共生的现代化之路。生态公益林建设是生态文明建设的重要组成部分，不仅承担维护国土生态安全重要职责，也承担着生产优质生态产品的重任。在新的历史关头，生态公益林建设要积极主动转变管理方式，推进信息化建设，适应生态文明体制改革的新要求。

2 需求分析

2.1 生态公益林管理面临的问题

生态公益林对生态环境治理和社会发展有着关键的作用，我们需要对生态公益林的建设和管理给予必要的重视和关注。虽然国家在政策方面对于生态公益林建设给予了极大的支持，但是林业部门在生态公益林的管理方面还存在许多不足，具体体现在以下几个方面：

2.1.1 生态公益林小班定位比较困难

生态公益林数据庞大，确认目标区域是否为公益林比较困难。以惠州市的生态公益林为例，惠州市生态公益林面积 308250 公顷，占林业用地面积的 43.4%，公益林小班记录 30552 个。无论是图纸确认还是实地现场确认目标地块是否是生态公益林都存在难度。当涉及生态公益林调整时，只调整了数据库，小班图形没有变更，没有做到"图库一体"，且现有手段计算调整面积存在误差。

按照 2016 年年度广东省森林资源情况通报，惠州市生态公益林面积统计汇总情况见表 2-1。

表 2-1 2017 年惠州市生态公益林面积统计

单位	省级以上生态公益林面积（hm²）	市级生态公益林面积（hm²）	小计（hm²）	占全市公益林面积比率（%）
惠东县	108193.3	0.0	108193.3	35.1
龙门县	59606.7	2110.2	61716.9	20.0
博罗县	43433.3	0.0	43433.3	14.1
市属林场	31620.0	8727.9	40347.9	13.1

（续）

单位	省级以上生态公益林面积（hm^2）	市级生态公益林面积（hm^2）	小计（hm^2）	占全市公益林面积比率（%）
惠城区	21613.3	483.9	22097.3	7.1
惠阳区	18360.0	511.7	18871.7	6.1
大亚湾	8926.7	108.1	9034.7	2.9
仲恺区	4240.0	314.9	4554.9	1.5
总计	295993.3	12256.7	308250.0	

注：按2017年资金下达面积统计。

2.1.2 生态公益林补偿资金使用复杂、管理繁琐

（1）资金来源

依据生态公益林的事权等级，生态公益林补偿资金来源于国家、省、地方政府。各级的补偿标准不一，广东要求省级公益林补偿标准不低于国家的标准。

（2）资金使用

依据《广东省省级生态公益林效益补偿资金管理办法》，生态公益林效益补偿资金分为损失性补偿和公共管护经费两部分。损失性补偿资金占补偿资金总额的80%，公共管护经费占补偿资金总额的20%。

损失性补偿资金指补给因划定为省级生态公益林而禁止采伐林木造成经济损失的林地经营者或林木所有者的资金。目前广东省公益林资金补偿实施省级以上生态公益林分区域差异化补偿，补偿资金分为特殊区域补偿资金和一般区域补偿资金两部分。其中，特殊区域补偿资金是对生态保护红线划定区域以及民族地区、雷州半岛生态修复区、新丰江林管局管辖的新丰江水库库区给予补偿；一般区域补偿资金是对特殊区域以外的生态公益林进行补偿。

公共管护经费包括生态公益林管护人员经费、管理经费和省统筹经费。

（3）资金管理

生态公益林补偿资金金额较大，涉及的村集体和林农较多，要做到精准及时发放补偿资金给到个人，计算过程复杂，发放资金有一定的困难。

（4）资金审计

审计过程中要求补偿资金、对应公益林范围、补偿个人三者一体，目前缺乏相应应对之策。

2.1.3 生态公益林巡护人员管理不到位

（1）消息交互时效性不足

当巡护人员在巡护时遇到情况时，与指挥室进行信息交互的效率不足。尤其在遇到森林火灾的情况下，信息交互的时效就变得格外重要，因为火情在山上、树林中是瞬息万变的，火情上报耽搁得越久，越不利于火情的控制。所以应该要有一套比较完整高效的通讯机制，保证在公益林巡护时遇到突发情况，信息能够进行及时的反馈。

（2）案情信息反馈不明确

巡护人员对遇到的突发情况进行上报时需要对事件进行描述，以往通过电话的单一方式联系，只在通话的方式下，情况的描述往往不够明确和仔细，比如事件发生的准确地点，或者是火情的涉及范围等，一般很难很好地用言语去具体表述。所以需要用其他方式对其反馈机制进行补充，让指挥室能够在短时间内确定事件的性质、发生的地点以及涉及的范围，从而快速准确地制定出应对方案。

（3）公益林巡护人员素质参差不齐。

目前惠州市生态公益林的护林员巡查是依靠个人的自觉性，在预先规定的巡逻路线上定时巡查，这种方式难以实现对巡护人员的科学、准确的考核与监控，存在虚假谎报工作现象。

2.1.4 生态公益林档案数据管理效率低下

大量公益林档案资料处于纸质状态，保管在各级林业管理部门，日常工作中数、图、表对应困难，远达不到"一张图"的管理要求；公益林调整扩面、公益林审批流程、补偿资金发放等都依赖于手工操作，不仅工作量大，而且极易出错，在进行生态公益林业务管理、数据上报、资金补偿和资料汇总时，基本上依靠文档材料和表格来完成，工作效率低下，数据的准确度也难以保障。亟需建设一套生态公益林信息管理系统来补齐这一短板。

2.2 目标分析

基于生态公益林管理面临的问题，通过建设基于"3S"技术统一构建的市级生态公益林信息管理系统，可有效实现惠州市生态公益林数据的全面整合与管理，提升公益林管理工作的准确性和效率。其主要的建设内容应包含如下六大功能模块（表2-2）：①统一的生态公益林资源档案管理；②统一的生态公益林资金管理；③基于 Android 的移动核查平台；④统一的护林员巡护管理；⑤统一的生态公益林综合应用管理；⑥完善的系统管理功能。

表2-2 系统功能模块表

序号	模块名称	模块描述
1	生态公益林资源档案管理系统	包括生态公益林专题查询分析统计、生态公益林"一张图"展示、生态公益林调整、生态公益林扩面等四个部分
2	生态公益林资金管理系统	包括公益林资金数据录入和审核、补偿资金等信息的查询等
3	移动核查应用系统	该功能模块需基于安卓系统，用于外业核查定位与采集森林资源数据，能够实现对生态公益林小班图形的高效查询和分析
4	护林员巡护管理系统	包括巡查信息上报、自行定义巡检地区、巡检路线、巡检时间、巡检人员、排班计划、网络查询、远程管理及异地传输等强大的功能
5	公益林综合应用管理平台	包括通知模块、法律法规模块、文件下载模块等三个部分
6	系统管理功能	包括用户及日志管理、数据及接口管理、功能管理等三个部分

2.3 业务功能分析

本系统的业务功能主要对生态公益林业务进行信息管理，涉及的业务功能主要包括：

2.3.1 生态公益林小班浏览查询

能够浏览全市的生态公益林小班 GIS 数据，在 GIS 数据的基础上，满足各级公益林管理部门对公益林数据查询和分析统计的需求，小班数据查询主要包括：地籍号查询、联合属性查询、位置查询(导入数据定位查询)。通过查询后获得的数据可导出成 EXCEL 表，或者进行进一步的数据分析导出需要的图表。

2.3.2 生态公益林变更管理

生态公益林变更是指因建设项目占用省级以上公益林林地和其他原因改变为非公益林的，按照公益林建设规模总量平衡的原则所进行的相关公益林调出、调入工作。市级生态公益林不得擅自变更，因规划调整、征占用林地等原因需要调整市级生态公益林的，须经林业行政主管部门批准，公益林变更调整需要履行严格的申报程序。

在市级生态公益林区内开展旅游和其他经营活动，经县(区)林业行政主管部门审核，报市林业行政主管部门批准，并与生态公益林林地、林木所有者签订合同。改变林地用途的，须征得林业行政主管部门同意后依照有关土地管理法律、法规办理建设用地审批手续。

2.3.3 生态公益林资金管理

生态公益林资金管理主要用以确保建设资金及管护资金规范化管理，加强资金使用的监督检查，确保资金管理制度化、规范化。

2.3.4 生态公益林管护

生态公益林管护是对各级林业管护人员进行管理和监督。为了与生态公益林建设、保护事业的发展相适应，省内各级林业主管部门相应成立专门的生态公益林管理机构，完成对生态公益林的资源管理、护林防火、病虫害防治等各项防护工作。

2.4 数据量分析与预测

2.4.1 生态公益林数据信息简述

公益林的数据从业务上分为基础地理信息、森林小班资源信息、补偿资金信息、管护人员信息以及其他数据(表 2-3)。

表 2-3　生态公益林数据信息表

信息分类	提交的最终成果	所需的具体信息
基础空间信息数据	地形图、遥感影像、基础地理信息点	道路、水系、城市、城镇、乡村、居民点、行政界线、遥感影像
森林资源信息数据	公益林小班矢量图形数据、相关森林资源属性数据	公益林小班面积、小班界线、小班森林资源属性信息
资金管理信息数据	补偿资金来源、发放对象、补偿资金用途	资金拨付表、资金发放对象身份证、银行账户、护林员银行账户
管护人员信息	护林员照片、姓名、年龄	护林员信息一览表
日常管理	各类统计图表	森林灾害、采伐、林地占用、上级来文、相关法律法规等

2.4.2　数据采集量

生态公益林数据采集涉及的资金管理数据、生态公益林界定书管理、公益林管护数据等，信息量内容比较广泛和复杂。其中，最重要的是公益林小班数据。它来源于林地保护利用规划小班数据与林权宗地数据，以林地保护利用规划小班数据为基础，关联林权宗地数据，并根据 95 个公益林小班因子，去除多余字段，增加需要字段得到初始公益林数据。

另外，还要对公益林管理过程中的文档资料、档案材料进行数字化扫描，形成扫描档案专题数据。

2.4.3　数据存储量

生态公益林数据涉及公益林调查数据、资源监测数据、林业专题数据、基础地理信息数据、生态公益林小班数据、公益林调整变更数据、公益林资金管理数据等，需要采用关系型数据库和空间数据库相结合的数据存储方式，其中关系型数据库存储量初步估计约 10G，地理信息数据空间数据库存储量初步估计约 30G。

2.4.4　数据处理量

生态公益林信息管理系统的数据处理主要是指生态公益林数据基础数据标准化整编和入库。需要参照《国家级公益林数据库属性数据》《生态区位代码表》等国家林业方面的数据标准和规范文件，对市属生态公益林基础数据进行标准整理，并编制数据目录。同时，按照林地和公益林"一张图"技术规范要求，基于地级市基础地理信息数据空间坐标基准，对地级市生态公益林基础数据进行坐标规范化转换，以满足公益林"一张图"落地管理的需求。

涉及数据处理的数据内容包括：生态公益林小班数据、林业专题数据等，数据总量约 10G，在未来 5 年内，调查数据按年度累计增加，初步估计，数据处理量约 30G。

2.4.5　数据传输量

生态公益林信息管理系统需要运行在惠州市政务网和县区政务网环境下，所有数据和系统均部署在市政务网内，其中生态公益林基础数据部署和应用均在局域网内，总数量约30G；公益林资金管理数据等业务数据总数据量约10G；在未来5年内，随着数据处理量的不断增大，初步估算，总数据传输量约为60G。

2.5　系统功能和性能需求分析

2.5.1　生态公益林信息管理系统的整体功能需求分析

生态公益林信息管理系统建设完成后，将为全市各级生态公益林管理部门提供服务，提高其管理水平，实现生态公益林资源的综合分析和多重利用，为林业现代化建设添砖加瓦。

该系统的总体需求包括建立生态公益林基础数据库和基于GIS技术的信息管理系统，实现全市生态公益林的业务管理、数据管理、资金管理以及统计分析需求。

2.5.2　生态公益林数据库建设

生态公益林数据库建设主要包含五个类库，分别为公共基础数据库、林业资源基础数据库、公益林专题数据库、档案资料数据库和综合业务数据库，具体内容如下：

公共基础数据库：主要包括遥感影像、基础地理信息数据、地名数据等，数据类型为脱密后的数据，根据《惠州市数字惠州地理空间框架建设与使用管理办法》要求，公共基础数据库的数据源为数字惠州地理空间框架的基础地理服务接口。

林地资源基础数据库：主要包括森林资源规划设计调查数据、林地变更数据、林业生态红线划定数据等，采用GIS数据平台进行管理，可以根据实际情况进行定期更新，更新的方式包括批量更新和增量更新。

公益林专题数据库：主要包括生态公益林划定数据、生态公益林资源管护数据、生态公益林补偿资金数据等。

档案资料数据库：主要包括相关的林业标准文档、图片、视频等数据。

综合业务数据库：主要包括通知公告、新闻、公益林管理和其他相关数据等综合类数据的存储。

2.5.3　生态公益林"一张图"展示与专题查询功能需求分析

（1）生态公益林"一张图"展示

基于生态公益林基础小班数据，以遥感影像图、电子地图为底图，以信息查询和综合应用为目的，建设生态公益林"一张图"，需展示的图层数据有惠州市生态公益林小班图层、惠州市生态公益林界定书图层、惠州市行政界线图层、惠州市高清遥感影像图层，提供图、数、表等混合方式的资源展示方式，满足不同业务需求，为全市生态公益林的管理与决策提供辅助支持。

生态公益林示范区专题展示。生态公益林示范区包括以生态公益林生态恢复及提升、生态公益林保护管理或生态公益林经营利用为不同侧重点的生态公益林示范区，在"一张图"界面上，实现生态公益林示范区空间坐标落地，将项目申报信息、资金管理信息、文件信息、项目进展信息以及实景图像集成到一张图上，实现在空间上的一体化集成。未建成生态公益林示范区和已建成生态公益林示范区在地图上以不同的专题符号进行区分显示。

（2）生态公益林查询功能

在生态公益林小班数据的基础上，满足各级公益林管理部门对公益林数据查询和分析统计的需求，小班数据查询主要包括：位置查询（导入数据定位查询）和属性查询。通过查询后获得的数据可导出成 Excel 表，或者进行进一步的数据分析导出需要的图表。

空间位置查询：即导入数据定位查询，能够实现数据导入，分析导入数据是否与基础生态公益林数据有重叠，如果有重叠，可实现对导入数据裁剪出重叠部分，并能计算出重叠部分的面积以及导出重叠部分示意图（图 2-1）。

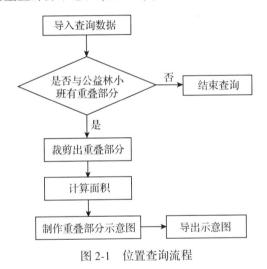

图 2-1　位置查询流程

公益林属性查询是通过公益林小班属性表作为检索范围，即确定需要查询的几个属性字段名，然后联合筛查，可以获得更小范围内的数据，方便使用者更快捷的完成查询工作。

以地籍号查询为例：能以小班信息来查询公益林地籍信息，查看详细的地籍登记信息，流程如图 2-2。

图 2-2　查询流程

2.5.4　生态公益林资金管理功能需求分析

生态公益林资金管理模块主要用来监督和管理公益林资金的使用、发放情况以及分析各项资金的使用比例并生成报表。具体来说，公益林的资金管理要解决以下几个问题。

（1）对补偿资金来源的监管与审核

国家生态公益林资金补助计划被划分为几个不同的等级，分别是国家级和省级。它们的主要区别是资金的来源不同，例如，国家级的由国家财政部门出资，而省级则由省级政府出资资助。

（2）规划确定补偿资金的使用内容

一旦生态公益林由于人为的原因或自然的因素而造成受损，公益林区的拥有者就可以通过此项资金来获得补偿，从而减少其损失。负责人雇佣的员工的工薪与训练费用也需要从中支出，从而可提升员工更大的积极性。同时林区监管系统的日常维护也会花费一部分费用；另外，林区的扩建与宣传费用也会从中扣除。

（3）对补偿资金应用标准的审核

不同的资金，去向当然也不相同，当生态公益林受到损害时，补偿资金需要及时的打入负责人的账户中，而维护费用则需要打入维护单位的账户中，其中的公共设施维护费用则需要打入到公共维护单位的账目当中。在建设工程的过程中，有些负责单位会不可避免地发生变动，这些变动也需要及时地在公益林管理系统中进行更新，以免发生错误而导致不必要的损失。

（4）对补偿资金的专项管理规划

生态公益林补偿资金也需要有专门的管理者来进行管理，设立专门的管理人员进行专项管理，补偿资金必须也只能应用于公益林方面做出的补偿，其他方面则一概不能受理。国家监管部门也会实时的对于公益林补偿资金的去向进行公开公正的审核。

（5）公益林资金数据录入和审核

开发公益林资金数据录入和管理功能，主要涉及管理的资金包括管护资金、补偿资金，其中县林业局用户在系统中录入（补偿、管护）资金的使用信息，包括资金总额、发放进度、结余等信息。市局用户则负责在系统中审核资金录入数据，并进行数据汇总和统计，导出报表。

（6）补偿资金等信息的查询

补偿资金的查询主要是资金分配方式的查询，能查询补偿资金从发放给到个人每个流程的审批和具体金额。查询方式包括一体化查询和条件查询。一体化查询是资金下达到分配方案的资金使用明细表，如查询每次资金下达的实际分配资金使用明细表；条件查询是依据设定的条件查询资金发放记录。如依据给定姓名，查询该人一共领取几次补偿金，具体金额、领取时间。

2.5.5 生态公益林变更管理功能需求分析

（1）公益林变更管理功能需求

生态公益林变更管理模块是用于生态公益林小班调整（调进和调出）以及相关审批材料、流程的管理。其业务需求包括：①生态公益林的调整。根据地方生态区位规划调整、自然环境的变迁、林地征占用等需要，对当前生态公益林小班的调进、调出，生态公益林的调出面积需与调进面积相等；②生态公益林更新改造。为充分发挥生态公益林的生态效益，对当前公益林进行更新改造；③生态公益林扩面(核减)。因生态文明发展需要、公益林区域中存在不合理地块等原因，需要对当前公益林进行扩面(核减)。

(2)公益林变更管理目的

通过对公益林变更申请的管理，最终达到以下几个目的：①对每一宗公益林变更调整的信息、材料、进度进行规范化的管理，便于公益林管理人员能快速准确地查阅资料信息，对公益林变更状况的追踪和把控更加的及时；②使公益林的调整更加的严谨、科学，有理有据、有迹可循；③使公益林调整的过程更加有效率。

(3)公益林变更调整流程

申请变更调整流程：①申请人准备并提交公益林调整申请材料；②县区林业局进行现场核查，填写《生态公益林变更调整查验表》，审核申请材料，填写请示报告，县级人民政府签署意见；③市林业局审核所有申请材料，现场核查，若会审同意变更则上报省林业局审批，若不同意审批则在 5 个工作日内驳回申请，并填写驳回理由；④省林业局审核通过后，正式下发批复文件；⑤县区林业局正式对公益林进行变更，并汇总所有申请材料以及批复文件。

(4)公益林变更调整申请材料

申请材料包括：①《公益林变更调整申请表》；②《生态公益林调整可行性报告》；③《生态公益林调出(进)情况表》；④《生态公益林调出(进)小班地形图》；⑤《征占用省级以上生态公益林林地因子表》；⑥《使用林地审核同意书》(征占用林地)；⑦县级以上《土地利用总体规划》，或者县级以上人民政府批准同意或发改部门理想的林地规划调整(规划调整)。

申请基本信息包括：申请人、申请时间(YYYY-MM-DD)、调整类型(征占用林地、规划调整、公益林扩面、公益林核减、其他类型)、录入人、录入时间(YYYY-MM-DD)。

审核材料包括：《生态公益林变更调查查验表》和《生态公益林更新改造审核意见表》。

(5)公益林变更管理模块包含内容

生态公益林变更管理模块主要包括三方面的内容：图形变更管理、变更信息管理以及材料附件管理(图 2-3)。

具体流程如下：①提交变更申请。提交变更申请由申请人进行相关申请材料的准备，系统中提供申请材料的清单。②县林业局审核材料、申请变更图形。县林业局对提交的申请材料进行审核、现场核查，并在公益林信息管理系统中新建公益林调整申请，填写申请的基本信息，然后将审核材料、核查材料进行扫描上传。纸质材料签字盖章需要一并进行。③市林业局审核。市林业局对县提交的申请材料进行审核、现场核查，在公益林信息管理系统中查看申请变更的图形(区域)，并补充填写变更信息。纸质材料签字盖章需要一并进行。④省林业局批复。省林业局根据市局提交的申请材料、核查材料进行批复，批复通过则下发批复同意调整文件；若批复不通过则驳回申请，附驳回原因。⑤县林业局落实变更。县林业局接到省厅批复同意调整的文件后，在公益林信息管理系统中对申请调整的公益林进行确定调整，并将签字盖章后的文件材料扫描上传进行归档。

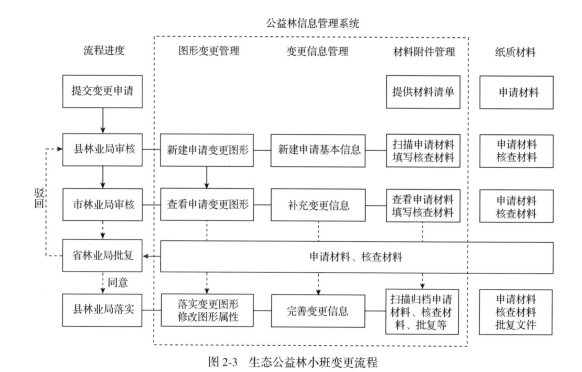

图 2-3　生态公益林小班变更流程

2.5.6　生态公益林管护功能需求分析

公益林管护主要是指管护人员管理，主要包括人员基本信息管理、林地管护情况管理等，能在系统实现录入、更新、查询等基础功能。

人员基本信息管理：登记事项包括县区、乡镇、护林员、姓名、身份证号、照片等。

林地管护情况管理：登记事项包括管护小班号、管护林地类型、面积、小班区域描述等。

2.5.7　生态公益林综合应用管理功能需求分析

（1）通知

通知主要应用于林业上级部门包括省林业局、市林业局以及区林业局在门户网站、OA 系统下发林业业务相关的通知公告，通过信息采集和系统集成技术实现一体化集成。

用户也可在系统中自行发布通知，用户发布的通知和上级部门的通知文件集成一起显示，通过发布部门来区分。

（2）法律法规

将生态公益林管理相关的法律法规进行分类，形成目录层次清晰的文件制度专栏，并实现上传和下载功能。

法律法规文件按照权限分为无条件共享、条件共享和不予共享的三种分类，建立数据共享机制。

（3）文件下载

将生态公益林管理相关的业务资料、表格和文件模块等进行分类，形成生态公益林文件下载专栏。

2.5.8　移动调查应用功能需求分析

实现图层管理、数据浏览查询、线测量、面测量、GPS 操作和系统设置等功能。

该功能模块基于安卓系统开发，安装于配备高精度定位芯片的平板电脑，用于外业调查定位与采集森林资源数据，能够实现对生态公益林小班图形的高效查询和分析，保证无图形错误和属性逻辑错误，保证数据质量，提高外业核查工作效率。

2.5.9　数据共享与交换

（1）数字惠州地理空间框架数据服务集成

地理底图应用方面，要集成惠州市数字惠州地理空间框架的电子底图数据服务、影像图数据服务等，确保基础地理信息数据应用一数一源。

根据生态公益林业务关联的需要，可集成相关的城市规划、环保等相关的政务地理信息资源，实现生态公益林数据的综合应用。

（2）生态公益林数据政务共享

为方便与政府其他单位的系统进行生态公益林数据交换，根据生态公益林数据共享的相关要求，利用惠州市政务信息资源共享与交换平台开展数据交换。

2.5.10　系统管理功能需求分析

（1）用户及日志管理

根据工作人员的职能，设置权限，对系统的使用、功能的控制、数据的安全管理等方面进行严格的授权管理。同时提供安全日志管理，提供日志数据的查询、删除、批量删除、日志备份等功能。

角色管理：对用户角色进行配置，包括新增、修改、删除及权限设置，对区县和市局用户分别设置不同的应用权限和管理权限。

用户管理：用户的部门设置及用户信息更新；

日志管理：系统具有详细的日志，并提供日志数据的查询功能，管理员能进行日志分析和审计操作；

系统日志管理是从系统设计的角度对系统用户的所有操作进行审计和记录，管理员可通过系统日志来分析系统用户在某一时间的具体操作，从而追溯到数据的原始状态，为系统数据分析和数据异常提供辅助的技术手段。

（2）数据及接口管理

基础地理信息服务的增加、删除等管理及更新、各类专题数据及管理数据的导出，数据库的备份等。

基础地理信息服务：包括现状地形图服务的引用及设置、现状影像图服务的引用及设置。

各类专题数据服务：生态公益林管理相关的专题要素服务的引用及配置。

（3）功能管理

专题图制作的模板定制、空间分析服务管理等。

①专题图制作的模板定制：对各种专题分析模板进行定制，如标注字段、显示 Style 文件、图层组合、图例、打印模板等。

②空间分析服务管理：对空间分析设计到的地理处理服务接口进行管理，如叠加分析处理服务接口、缓冲区分析处理服务接口等。

2.5.11　系统性能需求分析

（1）数据精确度

在精度需求上，根据实际需要，数据在输入、输出及传输的过程中要满足各种精度的需求。根据关键字精度的不同，如：查找可分为精确查找和泛型查找，精确查找可精确匹配与输入完全一致的查询结果，泛型查找，只要满足与输入的关键字相匹配的输入即输出，可供查找。

（2）时间特性

系统响应时间应在人的感觉和视觉范围内（<1s），系统响应时间足够迅速（<5s），能够满足用户要求。

（3）适应性

在操作方式、运行环境、软件接口或开发计划等发生变化时，应具有适应能力。

（4）可使用性

操作界面简单明了，易于操作，对格式和数据类型限制的数据，进行验证，包括客户端验证和服务器验证，并采用错误提醒机制，提示用户输入正确数据。

（5）安全保密性

只有合法用户才能登录使用系统，对每个用户都有权限设置。对登录名、密码，以及用户重要信息进行加密，保证账号信息安全。

（6）可维护性

系统采用了记录日志，用于记录用户的操作及故障信息，同时本系统采用的 C/S 和 B/S 混合架构模式，结构清晰，便于维护人员进行维护。

2.6　系统运行指标需求

2.6.1　系统运行环境

系统运行环境见表 2-4。

表2-4 系统运行环境

名称	软件环境	硬件环境
客户端运行环境	操作系统：Windows 7/8 等	网络接入设备（网卡，modem，adsl，isdn 或其他网络接入设备）
	SuperMap iObjects 10i	CPU：≥PIII3 以上、内存：≥2G 以上 硬盘：≥40G 以上
	Office：Microsoft Office/WPS Office PDF 阅读器	
服务器端运行环境	操作系统：Windows 2008 Server 等	CPU 频率：≥2GHz 智能加速主频：≥2.4GHz CPU 数量≥2 颗 CPU 数量4 颗 三级缓存≥18MB 硬盘/存储空间：0≥1T，10000 转 SCSI 硬盘，可支持集成 RAID 0、RAID 1 和 RAID5 内存类型：DDR3 内存容量：≥32GB 千兆网卡：≥1000Mbps 电源要求：提供冗余风扇、电源等，支持热插拔

2.6.2 系统功能指标

系统功能指标见表2-5。

表2-5 系统功能指标

技术指标	运行环境和编程语言	①操作系统：Windows XP \ 2000 \ 2003 \ Vista \ 2008 \ Win7 \ Win10 ②数据库：达梦数据库管理系统（DMV7.0） ③GIS 组件：SuperMap iObjects 10i 组件 ④编程语言：C#. NET 3.0
	安全性	①系统采用三层架构，实现数据与程序的完全分离，表现层、服务层和数据层的分离，以保证数据的安全性；能保证数据访问的安全性，同时对关键数据采取访问权限限制；能保证数据的完整性、一致性和有效性；采用严格的操作员身份认证机制，防止伪造身份人员冒用系统资源；严格管理员操作权限，防止不合法操作 ②备份：能够定时进行自动数据备份和手动备份 ③支持对用户组、用户设置不同级别的权限，权限能控制到菜单级别 ④系统账号采用加密处理，具备登录验证功能 ⑤具有系统操作日志记录功能

（续）

系统功能指标	系统稳定性	①系统支持无缝升级 ②支持百万级的数据处理能力 ③正常情况下，系统并发使用用户数量>400，在系统长时间运行下仍能顺畅访问 ④系统单次操作时界面响应时间<1s
	生态公益林资金管理	①可以实现生态公益林资金管理数据的逐个录入，包括新增、编辑、删除、上传附件等功能 ②可以实现资金管理数据的在线审核 ③查询统计
	生态公益林专题查询应用分析	①生态公益林专题查询分析 ②生态公益林"一张图" ③基础功能：地图放大、缩小、平移、全屏、面积量算、坐标定位、地名定位等 ④专题分析功能：空间查询、属性查询 ⑤展示功能：专题图符号化、实景图片集成
	公益林变更管理	①生态公益林调整：能进行数据录入，并进行扫描资料上传；数据的审核和汇总、统计 ②生态公益林扩面：生态公益林扩面工作底图和图件打印功能；扩面工程资料录入和审核汇总功能
	公益林管护	包括人员基本信息管理、林地管护情况管理等，能在系统实现录入、更新、查询等基础功能
	公益林综合应用管理	包括通知模块、法律法规模块、文件下载模块等，实现相关信息和数据的动态集成和应用
	移动调查应用	该部分基于安卓系统开发，实现图层管理、数据浏览查询、线测量、面测量、GPS操作和系统设置等功能
	数据共享与交换	包括数字惠州地理空间框架数据服务集成和生态公益林数据政务共享两部分内容
	系统管理功能	包括用户及日志管理、数据及接口管理、功能管理等
数据库建设指标	业务数据库	①符合《国家级公益林数据库属性数据结构》要求 ②数据库建立合理的主键和索引 ③相关的业务数据标准化转换和入库
	空间数据库	①符合《国家级公益林数据库属性数据结构》要求 ②按照"大类-子库-图层"的思路建立空间数据库框架 ③建立地理空间索引 ④相关的地理信息数据标准化转换和入库
	档案扫描数据库	对扫描文件进行存储

2.6.3 信息量指标

信息量指标见表 2-6。

表 2-6 信息量指标

信息量	指标要求	备注
公共基础数据库	约 10 个图层数据，数据量约 20G	空间数据库，年度更新
林地资源基础数据库	约 10 个图层数据，数据量约 10G	空间数据库，定期更新
公益林专题数据库	3~5 个图层，数据量约 1G	空间数据库，定期更新
档案资料数据库	扫描影像数据，数据量约 5G	扫描影像数据库，定期更新
综合业务数据	关系型数据，数据量约 4G	关系型数据，实时更新和定期更新

2.6.4 系统性能指标

系统性能指标见表 2-7。

表 2-7 系统性能指标

性能指标	指标要求	备注
系统平均响应时间	网络响应时间：0.1s 客户端响应时间：0.2s 服务器端响应时间 0.5s	
系统平均吞吐量	并发数为 10； 并发用户数峰值为 20； QPS = 50×（10×10）事务/s	初步估算，系统的总用户约为 50，每天大约有 20 人使用系统，对一个典型用户来说，一天之内用户从登录到退出该系统的平均时间为 4h，在一天的时间内，用户只在工作 8h 内使用该系统
资源使用率	在服务器端：CPU 占用率≤50%，内存占用率≤4MB； 在客户端：CPU 占用率≤20%，内存占用率≤300MB	服务端操作系统拟采用 windows 2008 Server 标准版 客户端操作系统拟采用 windows 7
并发用户数	10	同上

3 设计依据

3.1 设计依据

(1)《中华人民共和国森林法》(国务院，2018)

(2)《中华人民共和国森林法实施条例》(国务院，2018)

(3)《2006—2020年国家信息化发展战略》(中共中央办公厅、国务院办公厅，2005)

(4)《全国林业信息化建设纲要》(国家林业局，2009)

(5)《全国林业信息化建设技术指南》(国家林业局，2009)

(6)《全国林业信息化发展"十三五"规划》(国家林业局，2016)

(7)《中央林业工作会议精神》(国家林业局，2009)

(8)《全国林业厅局长会议和全国林业厅局长座谈会精神》(国家林业局，2018)

(9)《首届全国林业信息化工作会议精神》(国家林业局，2009)

(10)《全国林业信息化示范省建设工作座谈会精神》(国家林业局，2010)

(11)《全国林业信息化工作管理办法》(国家林业局，2016)

(12)《中国智慧林业发展指导意见》(国家林业局，2013)

(13)《广东省国有林场改革实施方案》(广东省委、省政府，2015)

(14)《"互联网+"林业行动计划——全国林业信息化"十三五"发展规划》(国家林业局，2016)

(15)《国家级公益林管理办法》(国家林业局，2017)

(16)《国家级公益林区划界定办法》(国家林业局，2017)

(17)《广东省林业发展"十三五"规划》(广东省林业厅，2016)

3.2 设计标准和规范

(1)《国家森林资源连续清查技术规定》(国家林业局，2004)

（2）《森林资源规划设计调查技术规程》（GB/T 26424—2010）（2011 年 6 月 1 日实施）

（3）《林地保护利用规划林地落界技术规程》（LY/T1954—2011）

（4）《林业资源代码——森林调查》（LY/T 1438—1999）

（5）《数字林业标准与规范 第 1~10 部》

（6）《林业地图图式》（LY/T1821—2009）

（7）《林业数据库设计总体规范》（LY/T 2169—2013）

（8）《林业信息系统安全评估准则》（LY/T 2170—2013）

（9）《林业信息交换体系技术规范》（LY/T 2171—2013）

（10）《林业信息化网络系统建设规范》（LY/T 2172—2013）

（11）《林业信息资源目录体系技术规范》（LY/T 2173—2013）

（12）《林业数据库更新技术规范》（LY/T 2174—2013）

（13）《林业信息图示表达规则和方法》（LY/T 2175—2013）

（14）《林业信息 WEB 服务应用规范》（LY/T 2176—2013）

（15）《林业信息服务接口规范》（LY/T 2177—2013）

（16）《林业生态工程信息分类与代码》（LY/T 2178—2013）

（17）《野生动植物保护信息分类与代码》（LY/T 2179—2013）

（18）《森林火灾信息分类与代码》（LY/T 2180—2013）

（19）《湿地信息分类与代码》（LY/T 2181—2013）

（20）《荒漠化信息分类与代码》（LY/T 2182—2013）

（21）《森林资源数据库术语定义》（LY/T 2183—2013）

（22）《森林资源数据库分类和命名规范》（LY/T 2184—2013）

（23）《森林资源管理信息系统建设导则》（LY/T 2185—2013）

（24）《森林资源数据编码类技术规范》（LY/T 2186—2013）

（25）《森林资源核心元数据》（LY/T 2187—2013）

（26）《森林资源数据采集技术规范》（LY/T 2188.1—2013）

（27）《森林资源数据采集技术规范 第 2 部分：森林资源规划设计调查》（LY/T 2188.2—2013）

（28）《森林资源数据采集技术规范 第 3 部分：作业设计调查》（LY/T 2188.3—2013）

（29）《森林资源数据处理导则》（LY/T 2189—2013）

4 总体设计方案

生态公益林信息管理系统是以生态公益林小班为基本管理单元，以生态公益林空间分布位置信息和小班因子表信息为基础数据，建立生态公益林电子图文档案，规范生态公益林档案管理，实现对生态公益林图表信息直观、有效的管理，更好地满足了省、市、县公益林管理部门对公益林图纸、小班因子、补偿资金、管护人员的管理以及数据采集、信息查询、报表统计、数据更新、制图等需求，提高了生态公益林管理水平和效率。

4.1 建设目标、原则与内容

4.1.1 建设目标

通过生态公益林信息管理系统的建设，完成生态公益林数据库建设、生态公益林资金管理、生态公益林专题查询应用分析、公益林调整变更管理、公益林管护管理、综合应用管理、移动调查应用、数据共享与交换以及系统管理等功能模块的开发及建设，并进行相关数据的更新入库，保障系统的正常运行，最终为惠州市生态公益林的科学管理提供相应的信息技术支撑。

4.1.2 建设原则

遵照国家相关技术标准和指导性原则，根据林业局的实际情况，在进行生态公益林信息管理系统的研发中，应该准确把握以下建设原则：

（1）统一规划，分步实施

坚持国家林业信息化规划的统一规划、统一标准、统一制式、统一平台、统一管理的"五个统一"的基本原则，坚持广东省信息化软件规范和数据库规范，由市林业局统一领导、统筹规划市域生态公益林管理系统的建设工作，强化顶层设计。建设依据生态公益林管理信息化现状和业务急需程度，按照重点先行的原则，分阶段有序推进和建设生态公益林管理系统建设工作。

（2）标准化原则

按照国家林业信息化建设的标准要求，系统的建设要严格按照国家、地方和行业的有关标准和规范，研发过程中做到与国家标准规范的无缝衔接。如空间数据的分层与编码标准、数据质量与元数据标准，各级法律法规、公文报表标准等，并适当考虑与国际接轨。在没有标准与规范的情况下，要参照国家、地方和行业的相关标准与规范，制订相应的标准与规范。系统的分析、设计、实现和测试要严格按照软件工程的标准和规范，并尽可能采用开放技术和国际主流产品，以确保系统符合国际上各种开放标准。

（3）面向用户

系统的核心是用户，用户是网络及其服务赖以生存的基础。因此，系统设计的首要原则是在功能设计、软件操作以及其他方面设身处地为用户着想，即以用户为中心。

为满足生态公益林过程管理的全部需求，侧重满足以市级林业主管部门为主的功能需求，信息系统界面应简洁和实用，界面友好，采用扁平化设计，理解容易，操作简单，减少后续培训的投入。系统的开发要"以人为本"，充分考虑惠州市林业局各科室及下属部门不同层次、不同需求管理人员及各项业务活动的实际需要，贴近用户的需求与习惯处理事务的流程，做到功能强大、界面友好和美观、操作简单、使用方便。充分实现信息资源的共享，减少工作人员的劳动强度，实现各项业务办理的计算机协同工作环境，使工作人员在办理业务的过程中能方便地获得所需的信息，实现真正的图文一体化并达到 GIS 和 MIS 的无缝集成。

（4）先进性原则

系统建设目的是打造集数据采集、管理及应用于一体的先进的开发平台，要尽可能采用最先进的技术、方法、软件、硬件和网络平台，确保系统的先进性，同时兼顾成熟性，使系统成熟而且可靠。系统不仅要满足当前需要，而且应针对系统平台在电子政务不同阶段的发展进行全面规划，使新建的系统功能模块规整，结构更明晰，布局更合理，使系统可持续发展。

同时系统也应具有较强的可维护性和扩展性。能够方便地进行维护，软件、硬件以及网络平台的升级不影响系统的正常运作。

（5）数据资源共享

从提高生态公益林资源管理水平的建设目标考虑系统的建设，努力实现市级生态公益林信息管理系统为生态公益林资源管理服务、为民服务的作用，实现与林地资源和现有信息资源共享，互联互通。充分发挥地理信息系统快速、优质、高效管理空间和属性数据的作用，科学地经营和管理生态公益林资源，把系统建设成为一个既满足业务办理需要又满足数据管理的系统平台。

（6）安全和稳定

保证网络环境下数据的安全，防止病毒的入侵和黑客的非法访问、恶意更改毁坏数据，采取完整的数据保护和备份机制。为了防止非授权用户的非法入侵和授权用户的越权使用，系统应进行权限控制，并具备审核功能，自动记录用户访问情况和操作过程，以备日后查询。

在系统设计、开放和应用时，应从系统结构、技术措施、软硬件平台、技术服务和维护响应能力等方面综合考虑，确保系统较高的性能，如在网络环境下对空间图形的多用户并发操作要具有较高的稳定性和响应速度，综合考虑确保系统应用中最低的故障率，确保系统的良好运行。

4.1.3 建设内容

建设内容包含：生态公益林数据库建设、生态公益林资金管理、生态公益林专题查询应用分析、生态公益林调整变更管理、公益林管护管理、综合应用管理、移动调查应用、数据共享与交换以及系统管理等功能，见表4-1。

表4-1 系统建设内容

序号	建设内容		具体要求
1	生态公益林数据库建设	业务数据库	①符合《国家级公益林数据库属性数据结构》要求
			②数据库建立合理的主键和索引
			③相关的业务数据标准化转换和入库
		空间数据库	①符合《国家级公益林数据库属性数据结构》要求
			②按照"大类-子库-图层"的思路建立空间数据库框架，包括四大数据库建设
			③建立地理空间索引
			④相关的地理信息数据标准化转换和入库
2	生态公益林资金管理		①可以实现生态公益林资金管理数据的逐个录入，包括新增、编辑、删除、上传附件等功能。
			②可以实现资金管理数据的在线审核
			③查询统计
3	生态公益林专题查询应用分析		①生态公益林专题查询分析
			②生态公益林"一张图"
			基础功能：地图放大、缩小、平移、全屏、面积量算、坐标定位、地名定位等
			专题分析功能：空间查询、属性查询
			展示功能：专题图符号化、实景图片集成
4	生态公益林调整变更管理		生态公益林调整：能进行数据录入，并进行扫描资料上传；数据的审核和汇总、统计
			生态公益林扩面：生态公益林扩面工作底图和图件打印功能；扩面工程资料录入和审核汇总功能
5	公益林管护管理		包括人员基本信息管理、林地管护情况管理等，能在系统实现录入、更新、查询等基础功能
6	公益林综合应用管理		包括通知模块、法律法规模块、文件下载模块等，实现相关信息和数据的动态集成和应用

（续）

序号	建设内容	具体要求
7	移动调查应用	该部分基于安卓系统开发，实现图层管理、数据浏览查询、线测量、面测量、GPS操作和系统设置等功能
8	数据共享与交换	包括数字惠州地理空间框架数据服务集成和生态公益林数据政务共享
9	系统管理功能	包括用户及日志管理、数据及接口管理、功能管理等

（1）生态公益林数据库建设

在收集全市生态公益林数据的基础上，通过信息资源规划的方法，利用已有的生态公益林数据经过数据处理、数据检查、数据入库建立全市生态公益林数据库。

全市生态公益林数据库主要是建设四大类库，分别为林地资源管理档案数据库、公益林专题数据库、档案资料数据库和综合业务数据库等。

（2）生态公益林资金管理

生态公益林资金管理模块主要用来监督和管理公益林资金的使用、发放情况以及分析各项资金的使用比例并生成报表，建设内容包括：

①公益林资金数据的管理功能，包括资金数据的录入和审核，资金的使用信息，数据的汇总、统计和报表导出等。

②补偿资金等信息的查询，查询方式包括一体化查询和条件查询。

（3）公益林变更管理

①生态公益林调整。在系统中设置生态公益林调整的数据录入和审核界面，满足生态公益林调整业务审核的需要。

②生态公益林扩面。在系统中设置生态公益林新增业务工作所需的工作底图，并设置生态公益林扩面上图作业图层，用于存储小班数据的草图制作和临时存储，在系统中设置生态公益林新增业务所需的图件制作功能。

（4）公益林管护

公益林管护主要是指管护人员管理，主要包括人员基本信息管理、林地管护情况管理等，能在系统实现录入、更新、查询等基础功能。

（5）生态公益林专题查询分析

生态公益林"一张图"展示：基于生态公益林基础数据，以遥感影像图、电子地图为底图，梳理生态公益林现有空间数据，以信息查询和综合应用为目的，建设生态公益林"一张图"，以业务为主线，叠加水系空间数据、小班空间数据、公益林示范区空间数据等，提供图、数、表等混合方式的资源展示方式，满足不同业务需求，为惠州市生态公益林的管理与决策提供辅助支持。

生态公益林专题查询：基于公益林间分布位置信息，在小班数据的基础上，满足各级公益林和森林公园管理部门对公益林数据查询和分析统计的需求。

生态公益林专题统计：包括公益林年度的动态变化统计、公益林区域对比变化统计等，按照生态公益林统计报表模板要求，提供每年公益林的变化情况的动态监测报表统计。

（6）公益林综合应用

①通知模块。通知主要包括林业上级部门，包括省林业局、市（区）区林业局门户网站通知等，通过信息采集和系统集成技术完成。用户也可在系统中自行发布通知，用户发布的通知和上级部门的通知文件集成一起显示，通过发布部门来区分。

②法律法规模块。将生态公益林管理相关的法规进行分类，形成目录层次清晰的文件制度专栏，并实现上传和下载功能。

③文件下载模块。将生态公益林管理相关的业务资料、表格和文件模块等进行分类，形成生态公益林文件下载专栏。

（7）移动调查应用

该功能模块基于安卓系统开发，安装于配备高精度定位芯片的平板电脑，用于外业调查定位与采集森林资源数据，能够实现对生态公益林小班图形的高效查询和分析，保证无图形错误和属性逻辑错误，保证数据质量，提高外业核查工作效率。

（8）数据共享与交换

本项目由数字惠州地理空间框架数据服务集成。根据生态公益林业务关联的需要，需要集成数字惠州地理空间框架的电子底图数据服务、影像图数据服务，确保基础地理信息数据应用一数一源，还需要与林政部门进行林地资源档案数据的数据交换。

（9）系统管理功能

系统设计时必须考虑到运营维护的简洁性，系统管理既能对系统功能模块、用户权限、系统界面等进行管理，也能对数据、系统日志进行管理。

4.2　系统总体设计

4.2.1　系统架构设计思路

生态公益林信息管理系统主要承担两个方面的功能：一是构建生态公益林信息资源管理和应用的系统应用平台，实现生态公益林资源管理和业务应用分析；二是建设移动应用系统，可以向外业调查人员提供生态公益林地块的空间位置、地类、林种、森林分类、管护等相关信息的查询量算等功能，从而提高生态公益林资源核查的针对性和效率。

根据本项目建设的需求，既要对大量的图形数据进行处理，还要实现数据分析和业务制图，以及对系统平台安全性、稳定性、用户使用的方便性考虑，将采用已经成熟的 C/S（Client/Server）结构和 B/S（Browse/Server）结构相结合的混合模式。

C/S 结构一般面向相对固定的、对系统中的数据响应速度有较高的要求、对信息安全较敏感的用户群。因为 C/S 结构在客户端和服务器端分担了业务的载荷，故可以解决 GIS 空间图形数据在网上传输量大、处理起来很复杂、计算量很大的难题。同时 C/S 方式也具有和 B/S 方式相同的查询功能，进行数据维护，能满足内部用户业务处理的需要。另一方面，对于整个系统中涉及安全性要求较高的数据资料的部分，B/S 结构对安全的控制能力相对弱，面向是不可知的用户群，为确保数据资料的安全，这时可以采用 C/S 结构进行保护。

B/S 方式主要应用于地理信息空间服务的管理和发布，SuperMap iServer 采用 REST 协议发布数据服务，它基于 HTTP 协议，比起 SOAP 和 XML-RPC 来说它更加的简洁、高效，REST 最突出的特点就是用 URI 来描述互联网上所有的资源，REST 主要特点包括资源通过 URI 来指定和操作，对资源的操作包括获取、创建、修改和删除资源（这些操作正好对应 HTTP 协议提供的 GET、POST、PUT 和 DELETE 方法）、连接是无状态性的。

移动调查系统采用基于 Android 的移动 GIS 开发架构，Android 开发平台是由谷歌与开放手机联盟合作开发的一个开放、自由的移动终端平台，它由操作系统、中间件、应用软件三部分组成。该平台备有完善的程序开发环境，平台提供了两个基于位置服务的地图 API 开发包：Android. location 以及 com. google. Android. maps。通过对这两个地图 API 开发包内与位置服务相关的类的使用，配合设备本身具备的定位定向等相关模块，利用 Super-Map iMobile for Android 可以很好地实现对用户移动空间信息服务应用程序开发。

4.2.2 系统框架结构设计

整个体系框架结构如图 4-1 所示。

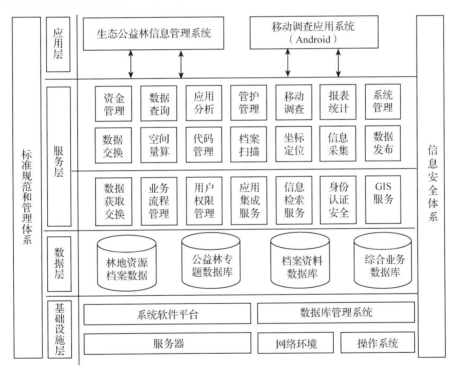

图 4-1 体系框架结构

（1）基础设施层

在体系架构中处于最底层，是支撑系统运行的公共基础平台，该层还提供了数据库建设与系统运行的软硬件系统环境。公共基础平台包括操作系统、数据库管理系统、中间件系统、GIS 支持平台等必不可少的子系统。系统硬件环境包括应用服务器、数据库服务器、应用服务器、存储设备、备份设备以及各种网络设备。

（2）数据层

为上层的服务层提供数据资源支持。其中，空间数据库主要存储空间数据，包括林地资源档案数据库、公益林专题数据库等；档案资料数据库主要包括视频、图片等数据组成；综合业务数据库主要包括通知公告、新闻、公益林管理等其他相关数据等综合类数据。

（3）服务层

是一个与网络无关、与数据库无关、与应用无关，能够实现资源交换、共享与整合，支撑应用的开放性系统服务。

在平台服务方面，该层主要提供安全服务、目录服务、数据获取服务和功能获取服务等，主要是由报表组件、流程组件、内容管理组件、权限管理组件、GIS 中间件、消息中间件、数据交换引擎等组成，以实现最终应用所需要的一些通用功能，如身份认证、权限控制、日志管理、工作流引擎、报表服务、邮件服务、短信服务等。

在系统应用服务方面，该层主要提供系统应用相关的功能服务，包括数据资金管理、数据查询、应用分析、管护管理、移动调查、报表统计、系统管理等。

（4）应用层

应用层是在服务层基础上构建的应用系统，主要包括应用林地管理系统、移动调查系统，是各类用户获取所需服务的主要入口和交互界面。用户通过安装系统得到系统服务，通过输入内容对有关数据进行检索、分析、反馈及维护等各项操作。系统各项应用的设计、建设和运行应符合标准规范和管理体系。信息安全应贯穿整个系统的各个层面。

4.2.3　系统运行架构设计

生态公益林信息管理系统需要运行在市级政务网和县区政务网环境下，所有数据和系统均部署在市政务网内（图 4-2）。

系统硬件网络拓扑结构如图 4-3 所示。系统网络拓扑结构分为核心区、工作区、备份中心、县区分局，各部分通过政务专网进行相互连接。

核心区：主要放置数据库服务器，数据库服务器采用 Windows Server 2008 操作系统，并安装 DM 7.0 和 SuperMap SDX，负责存储管理所有的数据，通过千兆交换机连接物理隔离网闸，数据库服务器上安装 PKI 安全中间件，实现安全认证。

工作区：放置 WEB 服务器、应用服务器、纵向交换服务器、安全应用支撑服务器。WEB 服务器安装 Windows Server 2008 操作系统，并安装 IIS 7.0、ASP. NET 4.0，负责HTML 页面的解析处理，接受用户请求并返回给用户动态、静态的页面；纵向交换服务器负责各种共享数据的打包、传输、解析；安全应用支撑服务器负责构建安全认证体系。

备份中心：主要放置备份数据库和相关数据以及应用系统，以备灾难性事故发生时进行恢复使用。

县区分局：终端客户机。

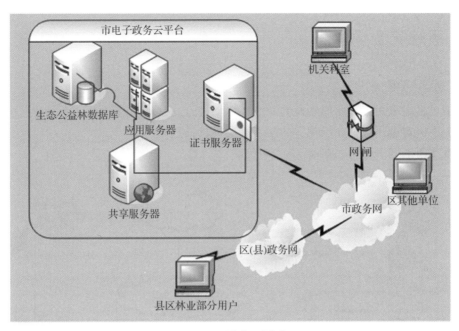

图 4-2　系统部署模式

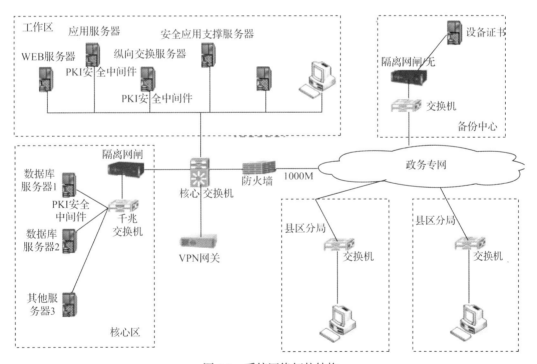

图 4-3　系统网络拓扑结构

4.3 系统安全设计

4.3.1 网络系统设计

本项目是在惠州市林业局现有的网络环境下进行的软件系统开发，不涉及网络的布设和改造，下面对惠州市林业局现有的网络情况进行描述。

系统部署的网络架构如图4-4。

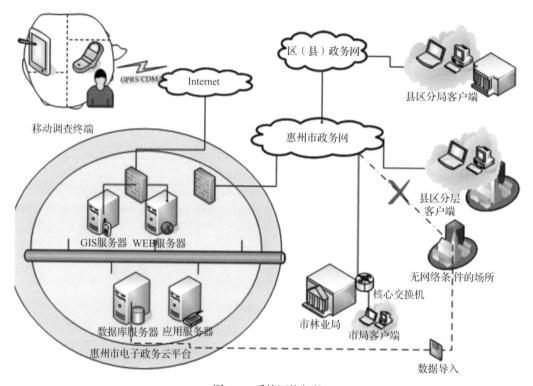

图 4-4　系统网络架构

移动调查终端：包括采用智能手机/PAD的移动调查终端设备。

惠州市政务网：惠州市所有政务单位政务办公和政务数据运行的网络，网络带宽100MB/s，由惠州市科技局布设和维护。林业局的办公网络通过单位核心交换机直接接入到政务网，本单位没有布设机房和局域网，因此本项目所需硬件资源都统一部署在惠州市电子政务云平台中心，主要由 GIS 服务器、Web 服务器、数据库服务器、应用服务器组成。GIS 服务器负责存储各类地理空间数据，数据库服务器负责系统中各种数据的存储、查询。所有的县区用户与市局数据分发和上报工作均依托于惠州市政务网。

4.3.2 系统安全设计

（1）安全系统设计

系统的安全性主要从五个级别来考虑：管理级、网络与硬件级、支撑软件级、框架级、专业系统级，如图 4-5 所示。

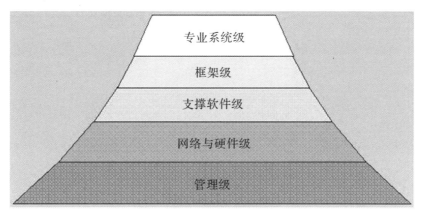

图 4-5　系统安全级别

表 4-2 是对各个安全级别所要考虑的问题的描述。

表 4-2　系统安全级别

安全级别	安全考虑
管理级	制订相应的规章与制度，从人的角度确保系统与数据安全
网络与硬件级	从硬件与网络设计上确保安全性： □ 网络端口安全设计 □ 子网/防火墙隔离设计 □ 不同层面的数据备份 □ 脱机方式备份 □ 数据的硬盘级备份 □ 专线传输 □ 内网、外网分离
支撑软件级	□ 操作系统的安全性 □ 数据库系统的安全性 □ GIS 系统的安全性等
框架级	确保各个专业系统之间的业务访问与数据交换安全 □ 安全的密码保护机制——密码和密钥存储 □ 系统进入的授权控制 □ 信息访问的授权控制 □ 数据访问日志记录 □ 数据分类隔离措施 □ 加密存储及加密传输 □ CA 认证

（续）

安全级别	安全考虑
子系统级	各个子系统的安全，主要从以下几个方面考虑： □ 安全的密码保护机制——密码和密钥存储 □ 系统进入的授权控制 □ 信息访问的授权控制 □ 数据访问日志记录 □ 数据分类隔离措施 □ 减少人工干预操作 □ 智能化的容错设计 □ 全方位的监控措施 □ 数据的挂起及再处理功能

（2）安全保护措施

本项目数据库采用以下安全保护措施：①重要部分的冗余或备份；②计算机病毒防治；③网络攻击防范、追踪；④运行和用户操作日志记录保存 60 天以上；⑤记录用户网络地址；⑥身份登记和识别确认。

（3）运行维护制度建立

本项目数据库建立如下运行维护制度：①日常管理制度。林业数据库系统主管单位应制定以下日常管理细则；②公益林管理系统维护人员的任务、权限和责任；③公益林管理系统日常运行记录管理，包括值班记录、系统故障及排除记录；④处理公益林管理数据库系统紧急情况的预案；⑤系统维护制度。系统维护的操作流程按照以下顺序执行：提出系统修改或维护要求；批准系统修改或维护要求；分配系统维护任务并执行；检查系统维护工作成果。

4.3.3 存储系统设计

由于森林资源具有动态性和地域性，因此公益林管理系统中存在大量的空间数据。如卫星遥感数据、航空摄影数据、地形图和公益林分布等专题地图载体所表达的信息。因此公益林管理系统必须依赖于地理信息系统的支持以实现数据采集、转换、组织、存储、加工、分析和应用。

（1）分布式数据存储

惠州市林业局存储全市所有公益林的地图数据和属性数据，各县区只存储自己所属县区的公益林的地图数据和属性数据。为了便于惠州市林业局及时、准确地掌握公益林数据的变动，通过数据同步和数据上报功能来实现。

（2）分层数据存储模式

为了满足公益林全面管理的需要，系统运行必须具备相应的图形数据和属性数据，但同时要考虑到各县区的差异，部分县区图形数据暂时无法入库的情况，系统采用图形数据和属性数据分开存储、处理的模式，保证图形数据和属性数据可以单独入库，降低系统对数据的依赖程度，以增强系统采集数据和使用外部数据的能力。

4.3.4 数据安全设计

建立完备的数据备份系统，可以确保在本地出现小规模灾难时，避免数据丢失现象发生，确保网络数据的安全。

（1）数据备份

容灾设计是一种保证任何对资源的破坏都不至于导致数据完全不可恢复的预防措施，容灾设计完全是针对偶然事故的预防计划，常采用备份制度。

对数据库进行本地备份时，采取定期备份和实时备份相结合的手段：

定期备份——对数据库服务器进行定期维护，对整个数据库进行一次静态备份。其目的是当数据库遭到破坏时，可以缩短恢复所需时间。

实时备份——数据库支持实时备份进程，将数据库所发生的所有操作备份到文档中，这些归档文件也可转储到磁带上。精心进行实时备份的目的是保证数据库遭到破坏时可以恢复到破坏的前一刻。

（2）备份机制建立

数据备份，通常采用的有完全备份、增量备份、差量备份、完全备份和增量备份组合以及完全备份和差量备份组合等几种机制。

备份机制：对于业务支撑数据，每天产生变化的数据量不会很大，在需要数据恢复时，要求恢复时间尽可能短，因此，建议系统采用完全备份和增量备份组合的机制。每周一个备份循环。周六或周日进行完全备份，其他工作日采用增量备份。具体规划见表4-3所示。

表4-3　数据备份机制

周六	周日	周一	周二	周三	周四	周五
完全备份		增量备份	增量备份	增量备份	增量备份	增量备份

这种备份机制，轮巡方式简单明了，易于实施管理。系统可将自动备份时间设定在每日 22：00，通常此时开始备份已经不会影响正常工作。需要数据恢复时，只需要完全备份部分加上周一至周 X（X=恢复日星期数−1）的增量备份即可。

（3）空间数据备份与恢复

空间数据是通过数据库引擎存储于数据库中的，所以空间数据的备份与恢复可以采用 DBMS 数据库的备份与恢复策略，也可以采用空间数据引擎的备份和恢复的策略。数据库的备份与恢复在系统设计中占有很重要的地位。好的备份和恢复策略可以降低系统的运行风险，减少因硬件故障而造成的损失。

①用空间数据引擎进行空间数据的备份和恢复。空间数据使用空间数据引擎备份与恢复工具可以备份不同时期，不同版本的空间数据库；避免存储介质的意外损坏而导致的空间数据丢失；同时可以调整系统结构，优化系统性能。

备份和恢复方法：SuperMap iServer 支持对服务器配置信息、用户及授权信息进行备份和恢复。该功能通过备份和恢复配置文件来实现，该操作可在服务管理器的"备份与恢复"页面（http：//localhost：8090/iserver/manager/backup）进行。也可以采用达梦数据库

DM7 备份与恢复命令" $./dexp"或" $./dimp"等，进行数据库的逻辑备份。

备份和恢复的策略：以上两种备份与恢复的工具或者方法可以做到对指定空间对象进行备份、备份与恢复数据对象的全部记录、备份与恢复空间数据的部分记录、备份与恢复空间数据的特定版本。

②用 DBMS 工具进行空间数据的备份与恢复。

物理备份：将数据库的物理文件通过操作系统的命令或者工具备份到硬件介质中。物理备份往往用于介质故障时恢复空间数据库的数据。

逻辑备份：是通过数据库提供的 Export 工具，将数据库的结构定义以及数据卸出到特定的格式的文件中，并备份该文件。

在实际应用中，逻辑备份和物理备份并用，一般来说，物理备份用于磁盘介质损坏或数据文件损坏；逻辑备份用于数据库中的某些对象被破坏或者用户误操作。

根据不同的备份方法采用不同的恢复方法：

使用物理备份恢复数据库提供 3 种恢复手段：①数据库级的恢复；②表空间(Tablespace)的恢复；③数据文件的恢复：数据级的恢复要求数据库在关闭但 Mount 的状态下进行。表空间及数据文件的恢复可在数据库运行的状态下进行。

使用逻辑备份恢复：当数据库中的某一对象被损坏，或用户的误操作使数据破坏(如误删除表)时可用逻辑备份恢复。用逻辑备份只能恢复到备份时刻的状态。

5 数据库的方案设计

5.1 数据库设计思路

5.1.1 矢量数据设计思路

矢量数据用一组带有关联属性的有序坐标，非常适合表现边界不连续的要素，如测站点、小班、河流、调查界、行政区划和地块等。要素就是带有位置属性的对象。通常，要素由点、线、多边形或者注记来表示。同类型要素的集合叫做要素类，集合中的要素具有相同的空间表达和属性集合(如表示河流的线性要素类)。矢量数据结构同时也存贮空间数据关系(或者称为拓扑结构)、注记等辅助信息(图 5-1)。

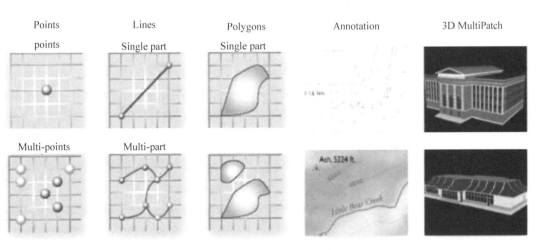

图 5-1 地理数据结构示意

矢量数据以森林地理实体为单位，以二维表的方式存贮于关系数据库中，通过空间数据的中间件 SDX+来表现。

（1）采用 Geodatabase 的体系结构

GIS 软件和数据库共同完成地理数据的管理。某些数据管理，如磁盘存储/属性数据类型的定义，联合查询和多用户的事务处理都是由数据库完成的。GIS 应用软件则通过定义 DBMS 表，用来表示各种地理数据和特定领域内的逻辑，以及维护数据的完整性和实用性。

实际上，DBMS 是专门用来存放地理数据的，而完全不是用来定义地理数据的行为的。这是一个多层的结构（应用和存储），数据的存取是通过存储层（DBMS），由简单表来实现，而高级的数据完整性维护和信息处理的功能是在应用层软件（GIS）完成的。

Geodatabase 的实现也使用了和其他高级 DBMS 应用相同的多层结构。Geodatabase 对象作为具有唯一标识的表中的记录进行存储，其行为通过 Geodatabase 应用逻辑来实现。

Geodatabase 的体系结构基于简单的关系型存储和复杂的应用逻辑 Geodatabase 的核心是标准的（不是特殊的）关系数据库模式（一组标准的 DBMS 表，字段类型，索引等等）。数据的存储由应用层的高级应用程序对象协调和控制。这些 Geodatabase 对象定义了通用的 GIS 信息模型，可以在所有的 GIS 应用和用户中使用。

Geodatabase 对象的作用就是向用户提供一个高级的 GIS 信息模型，而模型的数据以多种方式进行存储，可以存储在标准的 DBMS 的表中，或者文件系统中，也可以是 XML 流（图 5-2）。

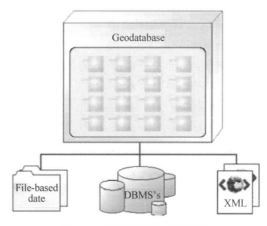

图 5-2　地理数据库存储模型

所有的 GIS 应用程序都与 Geodatabase 的 GIS 对象模型进行交互，而不是直接用 SQL 语句对后台的 DBMS 实例进行操作。Geodatabase 软件组件实现了通用模型中的行为和完整性规则，并且将数据请求转换成对相应的物理数据库的操作。

（2）Geodatabase 在 RDBMS 中的存储

Geodatabase 在关系表中存储空间和属性数据，此外还存储地理数据的模式和规则，Geodatabase 的模式包括地理数据的定义、完整性规则和行为，比如要素类的属性、拓扑、网络、影像目录、关系、域等。模式由 DBMS 中一组定义地理信息完整性和行为的 Geodatabase 的元数据表（metatable）来维护。

空间数据一般存储为矢量要素和栅格数据，以及传统意义上属性表。比如：一个 DBMS 表可以用来存放一个要素的集合，表中的每行可以用来保存一个要素。每行中的 shape 字段存储要素的空间几何或形状信息。shape 字段的类型一般分为两种：BLOB 和 DBMS 支持的空间类型。

相似的要素集合具有相同的空间类型（如点、线或多边形），加上相同的一组属性字段，由一个单一的表来管理，称为要素类。

栅格和图像数据也存放在关系表中。栅格数据通常很大，需要副表用于存储。栅格数据通常切成小片，称为块（block），存放在单独的块表的记录中。

不同的数据库中存储矢量和栅格数据的字段类型是不同的。如果 DBMS 支持空间扩展类型，Geodatabase 可以直接使用这些类型存储空间数据。

（3）矢量数据组织方式

矢量数据对象命名规则按照表 5-1 规则命名，数据库对象名称格式：｛前缀｝｛类别_｝<名称>，其中前缀和类别为可选的。

表 5-1　矢量数据命名

对象	前缀	类别	名称	备注
数据库	LYDB_	公共基础数据库（PCB） 林业基础数据库（FB） 林业专题数据库（FS） 林业综合数据库（FC） 林业信息产品库（FIP） ……	直观、简短	源于《全国林业信息化建设纲要》

5.1.2　属性数据库设计思路

（1）属性数据库类型

属性数据库主要包括关系型数据库和文档数据库。

关系型数据库主要用于存储公益林资源元数据信息、非空间的林业业务信息及平台的正常运行信息等。关系型数据库将数据存储在关系表中，并直接由数据库来管理。

根据文档文件的大小和文档库的并发访问量的情况，我们采用后一种方式。此时，文档及多媒体数据文件首先要进行存放路径整理，统一存放在文件服务器上的文档及多媒体数据存储路径中，不同的文档及多媒体数据存放在按一定规则命名的子目录中。同时在数据库中建立文档资料的文件索引信息表，文件索引信息表主要包括以下信息：文档名称、文档类别、文档存储路径、关键词、文档摘要等。

（2）属性数据库组织方式

数据库、数据表、视图、存储过程、字段等数据库对象的名称应按照一定意义命名，见表 5-2，在名称的字符之间不应留有空格，达到"见名知义"的效果。

表 5-2　属性数据命名

对象	前缀	类别	名称	备注
数据表	T_	地理空间基础数据表(GBO) 业务数据表(BO) 汇总统计数据表(TOT) 代码数据表(COD) 系统信息表(SYS) ……	直观、简短	建议按照林业信息分类以及作用进行分类
视图	V_		直观、简短	
主键	PK_	数据表名称_ 主数据表名称	直观、简短	
外键	FK_		直观、简短	
索引	IX_	数据表名称	直观、简短	
字段名			直观、简短	
存储过程	P_		直观、简短	
函数	F_		直观、简短	
触发器	TR_ TI_	表名称	I，U，D 的任意组合	After 触发器以 TR 作为前缀，Instead of 触发器以 TI 作为前缀。触发器名为相应的表名加上后缀，Insert 触发器加"_I"，Delete 触发器加"_D"，Update 触发器加"_U"

5.1.3　数据库建设原则

（1）安全性设计

数据库的保护应该从操作系统级、数据库级、网络级和应用程序级同时制定严密的保护措施。作为数据库设计，主要从数据库级考虑。

在管理制度上，建议安排固定的数据库管理员维护数据库，sys 和 system 用户的口令只有数据库管理员拥有，并且 DBA 权限的用户账号也只应授予数据库管理员。数据库管理员可根据业务需要，创建或撤销用户账户。

在本系统中根据用户业务需求，按业务分区组设置角色，同一区组的用户授予相同的角色，这样对用户账号的管理也变得简单有效。

为保证用户账号的安全性，设置用户口令复杂性检验，并要求定期更改。

（2）可用性设计

本系统被设计来满足 7×24h 不间断运行，数据库运行在归档模式(在线备份可不停机)下，采用在线备份，优化备份策略，使数据库故障需恢复时，尽可能缩短恢复时间且不损失数据。

而且这种不间断运行，对服务器可用性和依赖性较强，在这种情况下，应采用服务器的双机热备就显得非常必要及迫切，即当一台服务器在工作时(称为主机)因为某种原因出现故障，如死机、主机断电、病毒发作、硬盘损坏等，不能继续提供服务时，另一台服务器作备用状态(称为备机)能够在规定的时间内接替主机的服务，继续提供服务，从而达到不停机的服务，满足关键业务应用的不间断性。

数据库中的数据一致性是指当用户获取一个共享资源，而资源在不同的操作中显示同样的特征。影响一致性的原因通常有更新丢失、脏读、非重复读和幻像等。为避免不同事务并发时破坏数据库的一致性，通过自动锁和系统修改系列号(SCN)来解决一致性问题。为保证长事务的读一致性，需要设置较大的 undo 表空间。

当相同的数据在多个地方存贮即通常所说的数据冗余时，会造成数据一致性难以保证。在本数据库设计中尽可能按数据规范理论的要求设计数据库表。

数据完整性是数据一致性的重要保证。数据完整性包括域完整性、实体完整性和指引完整性。为确保域完整性，在使用列数据类型约束的同时，进一步指定 NULL/NOT NULL 约束该列是否可以出现空值，使用 CHECK 约束声明一个复杂的取值范围来保证域的完整性；为确保实体完整性(又称为行完整性)，要求表具有 PK 约束(主键)，根据实际情况决定是否采取其他措施，如唯一索引、UNIQUE 约束、IDENTITY 属性等；为确保指引完整性(又称为关系完整性)，建立数据库中不同表与列之间的关系，使子表中外键的每个列值都与相关的父表中的主键或候选键相匹配。

(3)先进性原则

数据库建设要充分考虑国内外发展的趋势和技术现状，采用国产、先进、成熟、有发展前途的技术，保证数据库建设的先进性。数据库产品、GIS 平台等重要的软件支撑平台，要选用业界领先和主流的产品，既要着眼于目前系统的需求，还要面向未来的发展，面向应用、高起点、高质量建设使数据库建设水平达到国内先进水平。

(4)扩展性原则

随着信息化工作的深入，林业部门将建立更多的信息系统，这意味着将有更多种类的数据需要进行管理，同时将产生大量的历史数据；随着数据库中数据量的增多，数据库将派生出更多的支持综合应用和决策分析的数据。因此，现有的设计必须考虑数据量的持续增长问题。

(5)稳定性原则

数据库的稳定性与可靠性是衡量系统性能的重要指标，数据库建设在数据库部署、按照应用时，应从数据库结构、技术措施、软硬件平台、技术服务和维护相应能力等方面综合考虑，采用流行、成熟、稳定、先进的数据库以及数据库中间件，确保数据库较高的性能和较低的故障率以及数据库能长期运行。

5.1.4 数据库建设基本要求

根据《林业数据库设计总体规范》(LY/T 2169—2013)的相关技术要求，本项目生态公益林数据库设计应符合以下基本要求：

①数据的共享性。林业数据库设计和建设要强调各级林业主管部门、多种应用、业务单位共建共用、共享数据服务。

②数据的整体观念。数据库存储、管理和操作的对象是数据，必须具有整体的观念。

③结构特性和行为特性密切结合。要充分了解对数据的处理和使用两个层面的特性，在整个设计过程中要把结构（数据）设计和行为（处理）设计紧密结合起来，同时考虑数据及其处理，便于达到整体最优。

④设计"主题数据库"，而不是"应用数据库"。"主题数据库"是共享的、一致的、本来意义的数据库，它面向业务主题，而不是面向应用程序，所以数据独立于程序，数据本身基本稳定，不会随应用系统的变化而改变。"主题数据库"强调分析各业务层次上的数据源，要求数据从源头就地采集、处理、使用和存储，以及必要的电子传输、汇总，必须保证数据一次一处录入，杜绝数据多次录入，造成数据重复。"主题数据库"应由多个"基本表"组成，"基本表"具有原子性、演绎性和规范性。

⑤关系模型规范化。对于关系模型而言，要尽可能满足第三范式的要求。

⑥按照统一的时空框架、统一的林业信息分类编码体系、统一的数据交换平台、统一的林业信息资源目录体系、统一的面向对象数据组织等五个统一的要求，采用面向对象的设计和分析方法进行数据库设计。

⑦数据模型设计采用面向对象的数据建模方法，采用统一建模语言 UML 作为模型描述方法，采用统一的时空模式和地理空间信息分类编码等数据标准。

5.1.5　数据库选型

考虑到系统稳定性、数据安全性、一致性、网络通信要求以及支持一定数量的并发访问，采用 B/S 体系结构，本系统选用 Windows Sever 2008 R2+DM 7.0+SuperMap SDX 空间数据引擎统一存储管理空间数据和属性数据。

在选择本系统采用的数据库管理系统时，把流行的数据库管理系统性能进行了对比，见表 5-3 和表 5-4。

表 5-3　数据库性能比较之一

数据库	开放性	可伸缩性，并行性	安全性
达梦数据库（DM 7.0)	兼容多种硬件体系，可运行于 X86、SPARC、POWER 等硬件体系之上。DM 7.0 各种平台上的数据存储结构和消息通信结构完全一致，使得 DM 7.0 各种组件在不同的硬件平台上具有一致的使用特性	采用全新的体系架构，在保证大型通用的基础上，针对可靠性、高性能、海量数据处理和安全性做了大量的研发和改进工作，极大提升了达梦数据库产品的性能、可靠性、可扩展性，能同时兼顾 OLTP 和 OLAP 请求	是具有自主知识产权的高安全数据库管理系统，已通过公安部安全四级评测。是安全等级最高的商业数据库之一。同时 DM 7.0 还通过了中国信息安全测评中心的 EAL4 级评测
Oracle	能在所有主流平台上运行（包括 Windows）。完全支持所有的工业标准。采用完全开放策略。可以使客户选择最适合的解决方案。对开发商全力支持	平行服务器通过使一组结点共享同一簇中的工作来扩展 Windows 的能力，提供高可用性和高伸缩性的簇的解决方案。如果 Windows 不能满足需要，用户可以把数据库移到 Unix 中	获得最高认证级别的 ISO 标准认证。非国产化软件

（续）

数据库	开放性	可伸缩性，并行性	安全性
Sql Sever	只能在 Windows 上运行，没有丝毫的开放性，适合中小型企业。而且 Windows 平台的可靠性，安全性和伸缩性是非常有限的	并行实施和共存模型并不成熟。很难处理日益增多的用户数和数据卷。伸缩性有限	没有获得任何安全证书

表 5-4　数据库性能比较之二

数据库	性能	客户端支持及应用模式	操作	使用风险
达梦数据库（DM 7.0）	多用户时性能不佳	应用开发接口兼容，兼容 PL/SQL 常用语法 90%、OCI、OOCI、OO4O 接口兼容、系统包机制维护管理方式兼容，兼容大量 V$ 动态视图、AWR 性能分析报告、10053 等事件	操作较为灵活，具有图形界面和命令行模式	DM7 提供基于用户口令和用户数字证书相结合的用户身份鉴别功能，还支持基于操作系统的身份认证、基于 LDAP 集中式的第三方认证。安全性比较高
Oracle	性能最高，保持 Window Server 环境下的 TPC-D 和 TPC-C 的世界纪录	多层次网络计算，支持多种工业标准，可以用 ODBC，JDBC，OCI 等网络客户连接	较复杂，同时提供 GUI 和命令行，在 windows 和 unix 下操作相同	长时间的开发经验，完全向下兼容。得到广泛的应用。完全没有风险
SqlServer	多用户时性能不佳	C/S 结构，只支持 Windows 客户，可以用 ADO，DAO，OLEDB，ODBC 连接	操作简单，但只有图形界面	完全重写的代码，经历了长期的测试，不断延迟，许多功能需要时间来证明。并不十分兼容早期产品。使用需要冒一定风险

　　SuperMap SDX+是 SuperMap 的空间数据库引擎，它为 SuperMap 中的所有产品提供访问空间数据的能力，是 SuperMap 软件的重要组成部分。SuperMap SDX+采用先进的空间数据库存储技术、索引技术和查询技术，具有"空间-属性数据一体化""矢量-栅格数据一体化"和"空间信息-业务信息一体化"的集成式空间数据库管理能力，如图 5-3 所示。

　　作为客户应用和空间数据库中间层的 SDX+，除具有一般数据库所具有的存取、管理空间数据的功能外，SDX+引擎的主要作用体现在如下 4 个方面：

　　①SDX+采用数据库技术和客户/服务器（C/S）体系结构，地理数据以记录的形式存储，数据可以在整个网络上共享，为基于网络的空间数据访问提供了有力的手段。

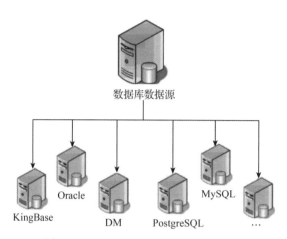

图 5-3　SuperMap SDX+空间数据库引擎

②SDX+作为一个高效的地理数据服务器，可以实现在多用户下的高效并发访问。

③SDX+支持海量数据的管理。由于数据库的强大的数据处理能力加上 SDX+独特的空间索引机制，每个数据集的数据量不再受到限制。

④ SDX+支持数据的安全性控制。SDX+构建在成熟的关系型数据库上，利用了数据库的安全手段，从而使地理数据更安全，更有保障。

针对上述分析，本系统采用 DM 7.0+SuperMap SDX+作为数据库管理平台，其技术参数及要求见表 5-5。

表 5-5　数据库管理系统技术参数及要求

序号	软件名称	具体技术参数及要求
1	DM 7.0	支持本系统关键技术 海量的数据存储能力 与 GIS 平台(SuperMap)的完美结合 支持 OLAP 分析、数据仓库与数据挖掘 支持 Web 应用、XML 技术 完善的数据备份、恢复等安全机制 支持各种主流技术标准 出众的性能 良好的市场服务体系
2	SuperMap SDX	高效率和系统可伸缩性 发生冲突时的协调更新机制 数据库复制 历史归档 版本和非版本编辑 支持跨平台和跨数据库 支持直接通过 SQL 访问 Oracle，DM 和 PostgreSql 等

5.2 数据库设计内容

数据库是信息系统的核心组成部分，对整个系统的成功运行将起决定性作用。本系统空间数据模型采用 GeoDatabase 结构，将基本属性相同的数据类型存储在相同的要素类中，减少数据冗余。本系统以 Browser/Server（浏览器/服务器）模式创建对象—关系型网络数据库，在服务器端安装数据库软件和业务应用引擎，实现对生态公益林数据的集成化管理和查询维护。系统数据库结构如图 5-4。

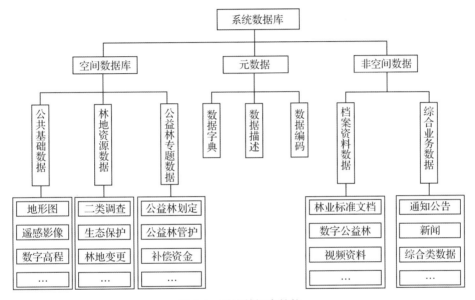

图 5-4　系统数据库结构

空间数据库主要包括：①公共基础数据库是基础地形图数据、遥感影像数据、数字高程模型和地名数据等，数据类型为脱密后的数据；②林地基础数据库包括二类调查成果、林业生态红线划定成果、林地变更成果等；③公益林专题数据库主要包括生态公益林划定数据、生态公益林资源管护数据、生态公益林补偿资金数据等。

非空间数据库主要包括：①档案资料数据库是指包括林业标准文档、数字化扫描图片、视频等数据；②综合业务数据库主要包括通知公告、新闻、公益林管理其他相关数据等综合类数据的存储。

系统元数据包括系统结构、功能、数据字典，以及数据内容、格式、精度、入库信息等，是"关于数据的数据"，它确保数据的规范统一，方便数据的共享应用及维护管理。

5.2.1 数据库概念设计

生态公益林数据库建设的目的是形成公益林据资源"一张图"，包括四大建设内容（表 5-6）。

表 5-6　数据库建设内容

数据库名称	具体内容及类型	
	空间数据	属性数据
林地资源管理档案数据库	二类调查成果、林业生态红线划定成果、林地变更成果等	林地资源管理档案属性数据、代码数据表
公益林专题数据库	生态公益林划定数据	生态公益林资源管护数据、生态公益林补偿资金数据、汇总统计表
档案资料数据库		档案扫描目录数据档案扫描件数据
综合业务数据库		公告数据等、法律法规数据、系统信息表等

不同类型的数据情况各异，所采用的建设方式也会有所不同。

空间地理信息数据以及公共信息数据库整合采用 Web Service、数据调用接口方式，按照林业要素编码和分类标准进行整合改造，纳入数据库统一存储管理。

林地资源管理档案数据库的空间数据和部分属性数据采用地理服务接口调用方式，直接引用林政部门提供的数据服务，进行数据的更新和存储，代码数据表等自行设计。

公益林专题数据库采用 ETL、数据调用接口方式，剥离基础数据，抽取公益林业务的数据，按照林地资源管理档案数据要素编码和分类标准进行整合改造，整合入库。

档案资料数据库和综合业务数据库则根据具体业务需求进行设计。

部分核心表的概念模型如图 5-5、图 5-6。

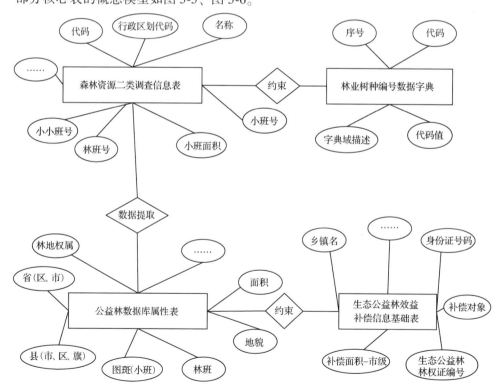

图 5-5　森林资源二类调查信息表概念模型

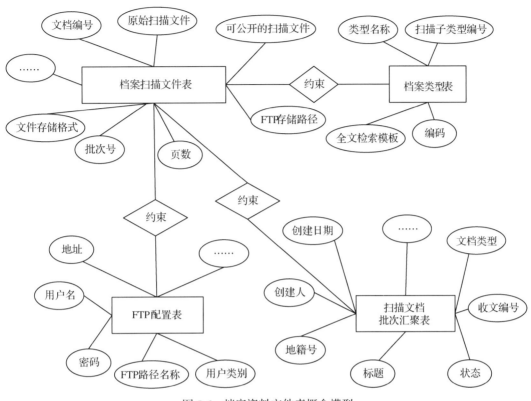

图 5-6 档案资料文件表概念模型

5.2.2 数据库结构设计

该阶段主要工作任务是对各种逻辑数据库模型进行设计。

（1）林地资源管理档案数据库逻辑设计

林地资源管理档案数据库逻辑设计见表 5-7、表 5-8。

表 5-7 森林资源二类调查信息

22-小班

字段名	类型	字段关系	说明	是否为空
代码	NUMBER(8)	PK，FK(表23-小班代码)	小班代码(新)	否
行政区划代码	NUMBER(6)	FK(表6-代码)	行政区划代码	是
名称	VARCHAR2(13)		HBL代码名称	是
林班号	VARCHAR2(3)		林班号	是
小班号	NUMBER(3)		小班号	是
小小班号	VARCHAR2(2)		小小班号	是
小班面积	NUMBER(7,1)		小班面积	是
地类代码	VARCHAR2(3)	FK(表25-代码)	地类代码	是

（续）

字段名	类型	字段关系	说明	是否为空
林种	VARCHAR2(2)	FK(表49-代码)	林种代码	是
权属代码	VARCHAR2(1)	FK(表26-代码)	权属代码	是
地貌代码	VARCHAR2(1)	FK(表27-代码)	地貌代码	是
最高海拔	NUMBER(6, 1)		最高海拔	是
最低海拔	NUMBER(6, 1)		最低海拔	是
坡度	NUMBER(2)		坡度	是
坡位代码	VARCHAR2(1)	FK(表28-代码)	坡位代码	是
坡向代码	VARCHAR2(1)	FK(表29-代码)	坡向代码	是
立地类型	VARCHAR2(2)		立地类型	是
可及度代码	VARCHAR2(1)	FK(表30-代码)	可及度代码	是
土壤名称代码	VARCHAR2(3)	FK(表31-代码)	土壤名称代码	是
母岩母质代码	VARCHAR2(1)	FK(表32-代码)	母岩母质代码	是
腐质层厚	NUMBER(2)		腐质层厚	是
土层厚度	NUMBER(3)		土层厚度	是
下木种类代码	VARCHAR2(2)	FK(表33-代码)	下木种类代码	是
下木高度	NUMBER(3)		下木高度	是
下木盖度	NUMBER(2)		下木盖度	是
草本种类代码	VARCHAR2(1)	FK(表34-代码)	草本种类代码	是
草本高度	NUMBER(3)		草本高度	是
草本盖度	NUMBER(2)		草本盖度	是
林层代码	VARCHAR2(1)	FK(表35-代码)	林层代码	是
优势树种代码	VARCHAR2(3)	FK(表36-代码)	优势树种代码	是
树种组成	VARCHAR2(16)		树种组成	是
起源代码	VARCHAR2(1)	FK(表37-代码)	起源代码	是
年龄	NUMBER(4)		年龄	是
产期代码	VARCHAR2(1)	FK(表38-代码)	产期代码	是
龄组代码	VARCHAR2(1)	FK(表39-代码)	龄组代码	是
平均直径	NUMBER(5, 1)		平均直径	是
平均树高	NUMBER(4, 1)		平均树高	是
优势木均高	NUMBER(4, 1)		优势木均高	是
郁闭度	NUMBER(3, 1)		郁闭度	是

（续）

字段名	类型	字段关系	说明	是否为空
公顷株数	NUMBER（5）		公顷株数	是
公顷蓄积	NUMBER（5，1）		公顷蓄积	是
公顷散竹	NUMBER（5）		公顷散竹	是
小班散竹	NUMBER（6）		小班散竹	是
每顷散积	NUMBER（4，1）		每顷散积	是
小班散积	NUMBER（5，1）		小班散积	是
公顷枯积	NUMBER（4，1）		公顷枯积	是
小班枯积	NUMBER（5，1）		小班枯积	是
生长类型	VARCHAR2（1）	FK（表40-代码）	生长类型	是
造林类型	VARCHAR2（3）		造林类型	是
经营类型代码	VARCHAR2（3）	FK（表41-代码）	经营类型代码	是
经营措施代码	VARCHAR2（1）	FK（表42-代码）	经营措施代码	是
工程类别代码	VARCHAR2（2）	FK（表43-代码）	工程类别代码	是
小班蓄积	NUMBER（7，1）		小班蓄积	是
地段类型代码	VARCHAR2（1）	FK（表44-代码）	地段类型代码	是
造林树种a	VARCHAR2（3）		造林树种a	是
造林树种b	VARCHAR2（3）		造林树种b	是
混交方式代码	VARCHAR2（1）	FK（表45-代码）	混交方式代码	是
树种a株距	NUMBER（2，1）		树种a株距	是
树种a行距	NUMBER（2，1）		树种a行距	是
树种b株距	NUMBER（2，1）		树种b株距	是
树种b行距	NUMBER（2，1）		树种b行距	是
整地方式代码	VARCHAR2（1）	FK（表46-代码）	整地方式代码	是
整地长	NUMBER（2，1）		整地长	是
整地宽	NUMBER（2，1）		整地宽	是
整地深	NUMBER（2，1）		整地深	是
造林年度	NUMBER（4）		造林年度	是
造林季度代码	VARCHAR2（1）	FK（表47-代码）	造林季度代码	是
种苗来源代码	VARCHAR2（1）	FK（表48-代码）	种苗来源代码	是
苗高	NUMBER（2，1）		苗高	是

23-小班扩展因子 （续）

字段名	类型	字段关系	说明	null
小班代码	NUMBER（8）	PK	小班代码（新）	否
新增因子代码	NUMBER（2）	FK（表24-代码）	新增小班因子（字段）代码	是
类型参数	VARCHAR2（20）		小班因子字段类型	是

24-新增因子

字段名	类型	字段关系	说明	null
代码	NUMBER（2）	PK	新增小班因子（字段）代码	否
名称	VARCHAR2（20）		新增小班因子（字段）名称	是

25-地类

字段名	类型	字段关系	说明	null
代码	VARCHAR2（3）	PK	地类代码	否
名称	VARCHAR2（10）		地类名称	是

26-权属

字段名	类型	字段关系	说明	null
代码	VARCHAR2（1）	PK	权属代码	否
名称	VARCHAR2（4）		权属名称	是

27-地貌

字段名	类型	字段关系	说明	null
代码	VARCHAR2（1）	PK	地貌代码	否
名称	VARCHAR2（4）		地貌名称	是

28-坡位

字段名	类型	字段关系	说明	null
代码	VARCHAR2（1）	PK	坡位代码	否
名称	VARCHAR2（4）		坡位名称	是

29-坡向

字段名	类型	字段关系	说明	null
代码	VARCHAR2（1）	PK	坡向代码	否
名称	VARCHAR2（4）		坡向名称	是

30-可及度 （续）

字段名	类型	字段关系	说明	null
代码	VARCHAR2(1)	PK	可及度代码	否
名称	VARCHAR2(6)		可及度名称	是

31-土壤名称

字段名	类型	字段关系	说明	null
代码	VARCHAR2(3)	PK	土壤名称代码	否
名称	VARCHAR2(10)		土壤名称	是

32-母岩母质

字段名	类型	字段关系	说明	null
代码	VARCHAR2(1)	PK	母岩母质代码	否
名称	VARCHAR2(10)		母岩母质名称	是

33-下木种类

字段名	类型	字段关系	说明	null
代码	VARCHAR2(2)	PK	下木种类代码	否
名称	VARCHAR2(10)		下木种类名称	是

34-草本种类

字段名	类型	字段关系	说明	null
代码	VARCHAR2(1)	PK	草本种类代码	否
名称	VARCHAR2(4)		草本种类名称	是

35-林层

字段名	类型	字段关系	说明	null
代码	VARCHAR2(1)	PK	林层代码	否
名称	VARCHAR2(6)		林层名称	是

36-优势树种

字段名	类型	字段关系	说明	null
代码	VARCHAR2(3)	PK	优势树种代码	否
名称	VARCHAR2(10)		优势树种名称	是

37-起源

字段名	类型	字段关系	说明	null
代码	VARCHAR2(1)	PK	起源代码	否
名称	VARCHAR2(4)		起源名称	是

38-产期 （续）

字段名	类型	字段关系	说明	null
代码	VARCHAR2(1)	PK	产期代码	否
名称	VARCHAR2(6)		产期名称	是

39-龄组

字段名	类型	字段关系	说明	null
代码	VARCHAR2(1)	PK	龄组代码	否
名称	VARCHAR2(6)		龄组名称	是

40-生长类型

字段名	类型	字段关系	说明	null
代码	VARCHAR2(1)	PK	生长类型代码	否
名称	VARCHAR2(12)		生长类型名称	是

41-经营类型

字段名	类型	字段关系	说明	null
代码	VARCHAR2(3)	PK	经营类型代码	否
名称	VARCHAR2(10)		经营类型名称	是

42-经营措施

字段名	类型	字段关系	说明	null
代码	VARCHAR2(1)	PK	经营措施代码	否
名称	VARCHAR2(10)		经营措施名称	是

43-工程类别

字段名	类型	字段关系	说明	null
代码	VARCHAR2(2)	PK	工程类别代码	否
名称	VARCHAR2(10)		工程类别名称	是

44-地段类型

字段名	类型	字段关系	说明	null
代码	VARCHAR2(1)	PK	地段类型代码	否
名称	VARCHAR2(6)		地段类型名称	是

45-混交方式

字段名	类型	字段关系	说明	null
代码	VARCHAR2(1)	PK	混交方式代码	否
名称	VARCHAR2(8)		混交方式名称	是

46-整地方式

（续）

字段名	类型	字段关系	说明	null
代码	VARCHAR2（1）	PK	整地方式代码	否
名称	VARCHAR2（8）		整地方式名称	是

47-造林季度

字段名	类型	字段关系	说明	null
代码	VARCHAR2（1）	PK	造林季度代码	否
名称	VARCHAR2（4）		造林季度名称	是

48-种苗来源

字段名	类型	字段关系	说明	null
代码	VARCHAR2（1）	PK	种苗来源代码	否
名称	VARCHAR2（10）		种苗来源名称	是

49-林种

字段名	类型	字段关系	说明	null
代码	VARCHAR2（2）	PK	种苗来源代码	否
名称	VARCHAR2（10）		种苗来源名称	是

50-分林种龄级表

字段名	类型	字段关系	说明	null
代码	NUMBER（3）	PK	种苗来源代码	否
林种代码	VARCHAR2（2）	FK（表49-代码）		
起源代码	VARCHAR2（1）	FK（表37-代码）		
优势树种代码	VARCHAR2（3）	FK（表36-代码）		
幼龄林年龄范围	NUMBER（2）			
中龄林年龄范围	NUMBER（2）			
近成林年龄范围	NUMBER（3）			
成熟林年龄范围	NUMBER（3）			
龄级期限	NUMBER（2）		种苗来源名称	是

表5-8 林业树种编号数据字典

序号	字典域描述	代码	代码值
1	登记类型	1	初始
2	登记类型	2	变更
3	登记类型	3	注销

（续）

序号	字典域描述	代码	代码值
4	经营方式	10	自留山
5	经营方式	11	责任山
6	经营方式	12	集体经营山
7	经营方式	13	流转山
8	经营方式	14	股份山
9	经营方式	15	联营山
10	经营方式	16	退耕地造林
11	林地类型	1	非退耕还林
12	林地类型	2	退耕还林
13	林地类型	3	商品林
14	林地类型	4	公益林
15	林种	10	防护林
16	林种	11	水源涵养林
17	林种	12	水土保持林
18	林种	13	防风固沙林
19	林种	14	农田牧场防护林
20	林种	15	护岸林
21	林种	16	护路林
22	林种	17	其他防护林
23	林种	20	特种用途林
24	林种	21	国防林
25	林种	22	实验林
26	林种	23	母树林
27	林种	24	环境保护林
28	林种	25	风景林
29	林种	26	名胜古迹和革命纪念林
30	林种	27	自然保护区林
31	林种	30	用材林
32	林种	31	工业原料林
33	林种	32	速生丰产用材林
34	林种	33	一般用材林

（续）

序号	字典域描述	代码	代码值
35	林种	40	薪炭林
36	林种	50	经济林
37	林种	51	果树林
38	林种	52	食用原料林
39	林种	53	林化工业原料林
40	林种	54	药用林
41	林种	55	其他经济林
42	林种	60	—
43	权属	G	个人
44	权属	H	合作造林
45	权属	J	集体
46	权属	K	国有
47	权属	Q	其他
48	林地林木四权	0	否
49	林地林木四权	1	是
50	树种或优势树种	140	马尾松组
51	树种或优势树种	141	马尾松
52	树种或优势树种	142	黄山松
53	树种或优势树种	143	粤松
54	树种或优势树种	144	金钱松
55	树种或优势树种	145	华山松
56	树种或优势树种	150	国外松组
57	树种或优势树种	151	湿地松
58	树种或优势树种	152	火炬松
59	树种或优势树种	160	柏木组
60	树种或优势树种	161	柏木
61	树种或优势树种	162	侧柏
62	树种或优势树种	163	圆柏
63	树种或优势树种	164	福建柏
64	树种或优势树种	165	铁杉
65	树种或优势树种	166	铁坚杉

（续）

序号	字典域描述	代码	代码值
66	树种或优势树种	167	三尖杉
67	树种或优势树种	180	杉木组
68	树种或优势树种	181	杉木
69	树种或优势树种	182	柳杉
70	树种或优势树种	200	三杉组
71	树种或优势树种	201	水杉
72	树种或优势树种	202	池杉
73	树种或优势树种	203	落羽杉
74	树种或优势树种	204	水松
75	树种或优势树种	290	桉树组
76	树种或优势树种	310	杨树组
77	树种或优势树种	311	钻天杨
78	树种或优势树种	312	毛白杨
79	树种或优势树种	313	响叶杨
80	树种或优势树种	314	欧美杨
81	树种或优势树种	330	速生阔叶树
82	树种或优势树种	331	泡桐
83	树种或优势树种	332	椿树
84	树种或优势树种	333	苦楝
85	树种或优势树种	334	喜树
86	树种或优势树种	335	柳树
87	树种或优势树种	336	拟赤杨
88	树种或优势树种	337	枫香
89	树种或优势树种	338	桤木
90	树种或优势树种	339	梧桐
91	树种或优势树种	360	中生阔叶树
92	树种或优势树种	361	桦类
93	树种或优势树种	362	椴类
94	树种或优势树种	363	檫木
95	树种或优势树种	364	山槐类
96	树种或优势树种	365	木荷

（续）

序号	字典域描述	代码	代码值
97	树种或优势树种	366	酸枣
98	树种或优势树种	367	木兰
99	树种或优势树种	368	楠木
100	树种或优势树种	369	栾木
101	树种或优势树种	370	山茱萸
102	树种或优势树种	380	慢生阔叶树
103	树种或优势树种	381	樟树类
104	树种或优势树种	382	楠类
105	树种或优势树种	383	栎类
106	树种或优势树种	384	榆类
107	树种或优势树种	385	榉类
108	树种或优势树种	386	石楠类
109	树种或优势树种	387	檀类
110	树种或优势树种	388	紫薇
111	树种或优势树种	389	旱柳
112	树种或优势树种	400	竹木组
113	树种或优势树种	401	毛竹
114	树种或优势树种	402	杂竹
115	树种或优势树种	403	甜竹
116	树种或优势树种	500	果树组
117	树种或优势树种	501	柑橘
118	树种或优势树种	502	桃、梨
119	树种或优势树种	503	板栗
120	树种或优势树种	504	李
121	树种或优势树种	505	杨梅
122	树种或优势树种	506	枣
123	树种或优势树种	507	柿
124	树种或优势树种	508	柚
125	树种或优势树种	509	枇杷
126	树种或优势树种	510	苹果
127	树种或优势树种	511	猕猴桃

（续）

序号	字典域描述	代码	代码值
128	树种或优势树种	512	其他果树
129	树种或优势树种	513	新世纪梨
130	树种或优势树种	514	水晶梨
131	树种或优势树种	550	食用原料树组
132	树种或优势树种	551	油茶
133	树种或优势树种	552	核桃
134	树种或优势树种	553	油橄榄
135	树种或优势树种	554	文冠果
136	树种或优势树种	555	茶叶
137	树种或优势树种	556	花椒
138	树种或优势树种	557	石榴
139	树种或优势树种	600	灌木组
140	树种或优势树种	601	黄杨
141	树种或优势树种	602	山茶花
142	树种或优势树种	603	蜡梅
143	树种或优势树种	700	药用树种组
144	树种或优势树种	701	杜仲
145	树种或优势树种	702	厚朴
146	树种或优势树种	703	银杏
147	树种或优势树种	704	黄柏
148	树种或优势树种	705	五倍子
149	树种或优势树种	706	金银花
150	树种或优势树种	750	林化原料树组
151	树种或优势树种	751	油桐
152	树种或优势树种	752	乌桕
153	树种或优势树种	753	棕榈
154	树种或优势树种	754	漆树
155	树种或优势树种	755	白蜡树
156	树种或优势树种	756	山苍子
157	树种或优势树种	757	栓皮栎
158	树种或优势树种	758	栲胶

（续）

序号	字典域描述	代码	代码值
159	树种或优势树种	759	紫胶寄生树
160	树种或优势树种	800	其他经济树种
161	树种或优势树种	801	桑
162	树种或优势树种	900	其他
163	树种或优势树种	901	红桎木
164	树种或优势树种	902	红豆杉
165	树种或优势树种	903	马褂木
166	树种或优势树种	904	罗汉松
167	树种或优势树种	905	青枫
168	树种或优势树种	906	红枫
169	树种或优势树种	907	杜英
170	树种或优势树种	908	雪松
171	树种或优势树种	909	桂花
172	树种或优势树种	910	玉兰
173	树种或优势树种	990	—
174	事权等级	1	国家级
175	事权等级	2	省级
176	事权等级	3	市级
177	事权等级	4	国家级已补偿
178	事权等级	5	国家级未补偿
179	事权等级	6	省级已补偿
180	事权等级	7	省级未补偿
181	事权等级	8	市级已补偿
182	事权等级	9	市级未补偿

（2）公益林专题数据库逻辑设计

公益林专题数据库逻辑设计见表 5-9、表 5-10。

表 5-9 公益林数据库属性

编号	字段名	中文名	数据类型	长度	小数位
1	SHENG	省（自治区、直辖市）	字符串	2	
2	XIAN	县（市、区、旗）	字符串	6	
3	XIANG	乡（镇、苏木、林场）	字符串	3	

（续）

编号	字段名	中文名	数据类型	长度	小数位
4	CUN	村	字符串	3	
5	LIN_ BAN	林班	字符串	4	
6	XIAO_ BAN	图斑(小班)	字符串	4	
7	DI_ MAO	地貌	字符串	1	
8	PO_ XIANG	坡向	字符串	1	
9	PO_ WEI	坡位	字符串	1	
10	PO_ DU	坡度	整型	2	
11	KE_ JI_ DU	交通区位	字符串	1	
12	TU_ RANG_ LX	土壤类型(名称)	字符串	20	
13	TU_ CENG_ HD	土层厚度	整型	3	
14	MIAN_ JI	面积	双精度	18	1
15	LD_ QS	林地权属	字符串	2	
16	LM_ QS	林木权属	字符串	2	
17	DI_ LEI	地类	字符串	4	
18	LIN_ ZHONG	林种	字符串	3	
19	QI_ YUAN	起源	字符串	2	
20	GJGYL_ BHDJ	国家级公益林保护等级	字符串	1	
21	LING_ ZU	龄组	字符串	1	
22	YU_ BI_ DU	郁闭度/覆盖度	浮点型	6	2
23	YOU_ SHI_ SZ	优势树种	字符串	6	
24	PINGJUN_ XJ	平均胸径	浮点型	6	1
25	HUO_ LMGQXJ	公顷蓄积量(活立木)	双精度	12	2
26	ZL_ DJ	林地质量等级	字符串	1	
27	BH_ DJ	林地保护等级	字符串	1	
28	LYFQ	林地功能分区	字符串	10	
29	QYKZ	主体功能区	字符串	1	
30	SSFQ	工程区(天保工程内外)	字符串	2	
31	STQW	生态区位	字符串	4	
32	STQWMC	生态区位名称	字符串	30	

表 5-10 生态公益林效益补偿信息基础

编号	字段名	中文名	数据类型	长度	小数位
1	XZM	乡镇名	字符串	2	
2	XZDM	乡镇代码	字符串	6	
3	CM	村名	字符串	3	
4	CDM	村代码	字符串	3	
5	CMXZ	村民小组	字符串	4	
6	BCDX	补偿对象	字符串	4	
7	SFZHM	身份证号码	字符串	1	
8	LXDZ	地址	字符串	1	
9	GDXH	固定电话	字符串	1	
10	SJHM	手机	字符串	13	
11	STGYL_ GUOJJ	补偿面积_ 国家级	浮点型	1	
12	STGYL_ SHENGJ	补偿面积_ 省级	浮点型	6	
13	BCMJ_ SJ	补偿面积_ 市级	浮点型	6	
14	STGYLJDSBH	生态公益林界定书编号	字符串	18	
15	STGYLDJH	生态公益林地籍号	字符串	2	
16	STGYLLQZBH	生态公益林林权证编号	字符串	2	
17	STGYLSFZY	生态公益林是否争议	字符串	2	
18	STGYLFPFS	生态公益林分配方式	字符串	3	
19	GYJY_ BCMJ	国有经营的生态公益林补偿面积	浮点型	6	
20	JZJY_ BCMJ	村组集体统一经营的生态公益林补偿面积	浮点型	6	
21	JZJY_ GFS	村组集体统一经营的生态公益林股份数	整型	4	
22	JZJY_ JTRKS	村组集体统一经营的生态公益林家庭人口数	浮点型	6	
23	ZLSBCMJ	自留山补偿面积	浮点型	6	
24	GRLHCBBCMJ	个人(多人)联合承包补偿面积	浮点型	6	
25	JTCBBCMJ	集体(公司)承包补偿面积	浮点型度	12	
26	LBJYBCMJ	联办经营补偿面积	浮点型	1	
27	QTXFJYBCMJ	其他形式经营补偿面积	浮点型	6	
28	BCQK_ KBH	补偿情况_ 开户行	字符串	40	
29	BCQK_ KHM	补偿情况_ 开户名	字符串	40	
30	BCQK_ YHZH	补偿情况_ 银行账号	字符串	40	
31	BCJE	补偿金额	浮点型	6	
32	BCND	补偿年度	字符串	4	

（3）档案资料数据库逻辑设计

档案资料数据库逻辑设计见表 5-11 至表 5-14。

表 5-11 档案扫描文件

序号	字段名称	字段描述	字段类型	长度	允许空	缺省值
1	DOCID	文档编号	VARCHAR2	400		
2	ORIGINAL_ CONTENT	原始扫描文件	BLOB	4000	√	
3	PUBLIC_ CONTENT	可公开的扫描文件	BLOB	4000	√	
4	LASTDATE	修改日期	DATE	7		
5	FTPPATH	FTP 存储路径	VARCHAR2	800	√	
6	MEMO	备注	VARCHAR2	1000	√	
7	TITLE	标题	VARCHAR2	400		
8	DOCUMENTTYPE	档案载体类型	VARCHAR2	400	√	
9	OCRCONTENT	OCR 文档内容	VARCHAR2	4000	√	
10	FORMATCONTENT	档案内容格式	VARCHAR2	4000	√	
11	FILETYPE	文件存储格式	VARCHAR2	200	√	
12	KEYWORDS	关键字	VARCHAR2	400	√	
13	BATCHID	批次号	VARCHAR2	400	√	
14	ID	编号	VARCHAR2	400	√	
15	PAGES	页数	VARCHAR2	400		
16	FILESIZE	文件大小	VARCHAR2	400		
17	CHECKID	移交编号	VARCHAR2	400	√	
18	PAGE	页码	NUMBER	22	√	
19	BATCHID_ BK		VARCHAR2	400	√	

表 5-12 档案类型

序号	字段名称	字段描述	字段类型	长度	允许空	缺省值
1	DOCNAME	类型名称	VARCHAR2	400		
2	TYPEID	扫描子类型编号	VARCHAR2	400		
3	FTPROOT	FTP 存储路径	VARCHAR2	400	√	
4	FULLTEXTTEMP	全文检索模板	VARCHAR2	800	√	
5	DATATABLE	OCR 关联表	VARCHAR2	400	√	
6	CODE	编码	VARCHAR2	400	√	
7	ID	唯一值	VARCHAR2	400	√	

表 5-13　FTP 配置

序号	字段名称	字段描述	字段类型	长度	允许空	缺省值
1	URL	地址	VARCHAR2	400	√	
2	USERNAME	用户名	VARCHAR2	4000	√	
3	PASSWORD	密码	VARCHAR2	4000	√	
4	ROOTPATH	FTP 跟路径名称	VARCHAR2	4000	√	
5	TYPE	用户类别：readonly，write 两种	VARCHAR2	400	√	

表 5-14　扫描文档批次汇聚

序号	字段名称	字段描述	字段类型	长度	允许空	缺省值
1	ID	ID	VARCHAR2	200		
2	CREATOR	创建人	VARCHAR2	200	√	
3	CREATEDATE	创建日期	DATE	7	√	
4	BATCHID	批次号	VARCHAR2	200	√	
5	TITLE	标题	VARCHAR2	800		
6	MEMO	备注	VARCHAR2	800	√	
7	DOCTYPE	文档类型	VARCHAR2	200	√	
8	LASTDATE	最后修改日期	DATE	7	√	
9	ARCHIVEID	归档号	VARCHAR2	200	√	
10	LANDID	地籍号	VARCHAR2	200	√	
11	LANDCERTI	土地证号	VARCHAR2	200	√	
12	PWH	批文号	VARCHAR2	200	√	
13	ZT	状态	VARCHAR2	200	√	
14	OTHER	其他	VARCHAR2	1000	√	
15	SHR	审核人	VARCHAR2	200	√	
16	SHYJ	审核意见	VARCHAR2	1000	√	
17	SHRQ	审核日期	DATE	7	√	
18	NBBH	内部编号	VARCHAR2	200	√	
19	CASE_ ID	收文编号	VARCHAR2	200	√	
20	CHECKID	移交编号	VARCHAR2	200	√	
21	BATCHID_ BK	VARCHAR2（200）	VARCHAR2	200	√	
22	DOCTYPE_ CN	文档类型名称	VARCHAR2	200	√	

(4)综合业务数据库逻辑设计

综合业务数据库逻辑设计见表 5-15 至表 5-25。

表 5-15　行政区域

序号	字段名称	字段描述	字段类型	长度	允许空	缺省值
1	F_ AREAID	区域主键	VARCHAR2	100		
2	F_ PARENTID	父级主键	VARCHAR2	100	√	
3	F_ AREACODE	区域编码	VARCHAR2	100	√	
4	F_ AREANAME	区域名称	VARCHAR2	100	√	
5	F_ QUICKQUERY	快速查询	VARCHAR2	400	√	
6	F_ SIMPLESPELLING	简拼	VARCHAR2	400	√	
7	F_ LAYER	层次	NUMBER	11, 0	√	
8	F_ SORTCODE	排序码	NUMBER	11, 0	√	
9	F_ DELETEMARK	删除标记	NUMBER	11, 0	√	
10	F_ ENABLEDMARK	有效标志	NUMBER	11, 0	√	
11	F_ DESCRIPTION	备注	VARCHAR2	400	√	
12	F_ CREATEDATE	创建日期	DATE	7	√	
13	F_ CREATEUSERID	创建用户主键	VARCHAR2	100	√	
14	F_ CREATEUSERNAME	创建用户	VARCHAR2	100	√	
15	F_ MODIFYDATE	修改日期	DATE	7	√	
16	F_ MODIFYUSERID	修改用户主键	VARCHAR2	100	√	
17	F_ MODIFYUSERNAME	修改用户	VARCHAR2	100	√	

表 5-16　授权功能

序号	字段名称	字段描述	字段类型	长度	允许空	缺省值
1	F_ AUTHORIZEID	授权功能主键	VARCHAR2	100		
2	F_ OBJECTTYPE	对象分类：1-角色 2-用户	NUMBER	11, 0	√	
3	F_ OBJECTID	对象主键	VARCHAR2	100	√	
4	F_ ITEMTYPE	项目类型：1-菜单 2-按钮 3-视图	NUMBER	11, 0	√	
5	F_ ITEMID	项目主键	VARCHAR2	100	√	
6	F_ CREATEDATE	创建时间	DATE	7	√	
7	F_ CREATEUSERID	创建用户主键	VARCHAR2	100	√	
8	F_ CREATEUSERNAME	创建用户	VARCHAR2	100	√	

表 5-17　编号规则

序号	字段名称	字段描述	字段类型	长度	允许空	缺省值
1	F_ RULEID	编码规则主键	VARCHAR2	100		
2	F_ ENCODE	编号	VARCHAR2	100	√	
3	F_ FULLNAME	名称	VARCHAR2	100	√	
4	F_ CURRENTNUMBER	当前流水号	VARCHAR2	100	√	
5	F_ RULEFORMATJSON	规则格式 Json	CLOB	4000	√	
6	F_ SORTCODE	排序码	NUMBER	11, 0	√	
7	F_ DELETEMARK	删除标记	NUMBER	11, 0	√	
8	F_ ENABLEDMARK	有效标志	NUMBER	11, 0	√	
9	F_ DESCRIPTION	备注	VARCHAR2	400	√	
10	F_ CREATEDATE	创建日期	DATE	7	√	
11	F_ CREATEUSERID	创建用户主键	VARCHAR2	100	√	
12	F_ CREATEUSERNAME	创建用户	VARCHAR2	100	√	
13	F_ MODIFYDATE	修改日期	DATE	7	√	
14	F_ MODIFYUSERID	修改用户主键	VARCHAR2	100	√	
15	F_ MODIFYUSERNAME	修改用户	VARCHAR2	100	√	

表 5-18　编号规则种子

序号	字段名称	字段描述	字段类型	长度	允许空	缺省值
1	F_ RULESEEDID	编号规则种子主键	VARCHAR2	100		
2	F_ RULEID	编码规则主键	VARCHAR2	100	√	
3	F_ USERID	用户主键	VARCHAR2	100	√	
4	F_ SEEDVALUE	种子值	NUMBER	11, 0	√	
5	F_ CREATEDATE	创建日期	DATE	7	√	
6	F_ CREATEUSERID	创建用户主键	VARCHAR2	100	√	
7	F_ CREATEUSERNAME	创建用户	VARCHAR2	100	√	
8	F_ MODIFYDATE	修改日期	DATE	7	√	
9	F_ MODIFYUSERID	修改用户主键	VARCHAR2	100	√	
10	F_ MODIFYUSERNAME	修改用户	VARCHAR2	100	√	

表 5-19 机构单位

序号	字段名称	字段描述	字段类型	长度	允许空	缺省值
1	F_ COMPANYID	公司主键	VARCHAR2	100		
2	F_ CATEGORY	公司分类	NUMBER	11，0	√	
3	F_ PARENTID	父级主键	VARCHAR2	100	√	
4	F_ ENCODE	公司代码	VARCHAR2	100	√	
5	F_ SHORTNAME	公司简称	VARCHAR2	100	√	
6	F_ FULLNAME	公司名称	VARCHAR2	100	√	
7	F_ NATURE	公司性质	VARCHAR2	100	√	
8	F_ OUTERPHONE	外线电话	VARCHAR2	100	√	
9	F_ INNERPHONE	内线电话	VARCHAR2	100	√	
10	F_ FAX	传真	VARCHAR2	100	√	
11	F_ POSTALCODE	邮编	VARCHAR2	100	√	
12	F_ EMAIL	电子邮箱	VARCHAR2	100	√	
13	F_ MANAGER	负责人	VARCHAR2	100	√	
14	F_ PROVINCEID	省主键	VARCHAR2	100	√	
15	F_ CITYID	市主键	VARCHAR2	100	√	
16	F_ COUNTYID	县/区主键	VARCHAR2	100	√	
17	F_ ADDRESS	详细地址	VARCHAR2	100	√	
18	F_ WEBADDRESS	公司主页	VARCHAR2	400	√	
19	F_ FOUNDEDTIME	成立时间	DATE	7	√	
20	F_ BUSINESSSCOPE	经营范围	VARCHAR2	400	√	
21	F_ SORTCODE	排序码	NUMBER	11，0	√	
22	F_ DELETEMARK	删除标记	NUMBER	11，0	√	
23	F_ ENABLEDMARK	有效标志	NUMBER	11，0	√	
24	F_ DESCRIPTION	备注	VARCHAR2	400	√	
25	F_ CREATEDATE	创建日期	DATE	7	√	
26	F_ CREATEUSERID	创建用户主键	VARCHAR2	100	√	
27	F_ CREATEUSERNAME	创建用户	VARCHAR2	100	√	
28	F_ MODIFYDATE	修改日期	DATE	7	√	
29	F_ MODIFYUSERID	修改用户主键	VARCHAR2	100	√	
30	F_ MODIFYUSERNAME	修改用户	VARCHAR2	100	√	

表 5-20　用户

序号	字段名称	字段描述	字段类型	长度	允许空	缺省值
1	ID	ID	VARCHAR2	200		
2	NAME	名字	VARCHAR2	200	√	
3	LOGINNAME	登录名	VARCHAR2	200		
4	PASSWORD	密码	VARCHAR2	200		
5	RIGHT	权限	VARCHAR2	200	√	
6	STATUS	状态	VARCHAR2	2	√	
7	DEPARTMENT	部门	VARCHAR2	200	√	
8	LASTDATE	最后修改日期	DATE	7	√	
9	CERTID	GDCA 证书编号	VARCHAR2	200	√	

表 5-21　系统日志

序号	字段名称	字段描述	字段类型	长度	允许空	缺省值
1	ID	ID	VARCHAR2	200		
2	LOG	日志内容	VARCHAR2	4000	√	
3	LASTDATE	日期	DATE	7		sysdate
4	LOGINUSER	登录用户	VARCHAR2	200	√	

表 5-22　系统文件模版

序号	字段名称	字段描述	字段类型	长度	允许空	缺省值
1	ID	ID	VARCHAR2	200		
2	TYPE	类型	VARCHAR2	200	√	
3	CONTENT	内容	VARCHAR2	4000		
4	FILENAME	文件路径	VARCHAR2	800	√	
5	NAME	名称	VARCHAR2	200	√	
6	EXCEL_ CONTENT	Excel 显示内容	VARCHAR2	4000	√	

表 5-23　法律法规

序号	字段名称	字段描述	字段类型	长度	允许空	缺省值
1	ID	唯一标识号	NUMBER	22		
2	CATEGORYID	类型 ID	NUMBER	22	√	
3	TITLE	标题	VARCHAR2	4000	√	
4	DEPARTMENT	颁发部门	VARCHAR2	4000	√	
5	PUBLISHCODE	法规编号	VARCHAR2	400	√	
6	SUMMARY	摘要	VARCHAR2	4000	√	

（续）

序号	字段名称	字段描述	字段类型	长度	允许空	缺省值
7	CONTENT	正文	CLOB	4000	√	
8	LASTDATE	最后修改日期	DATE	7	√	sysdate
9	SORTORDER	排列顺序	NUMBER	22	√	
10	AUTHOR	上传人	VARCHAR2	19	√	

表 5-24　法律法规类别

序号	字段名称	字段描述	字段类型	长度	允许空	缺省值
1	ID	唯一标识号	NUMBER	22		
2	CAPTION	法规类别	VARCHAR2	400		
3	CREATEDATE	创建日期	DATE	7		sysdate
4	CREATEBY	创建人	VARCHAR2	40	√	
5	SORTORDER	排列顺序	NUMBER	22	√	−1

表 5-25　新闻公告

序号	字段名称	字段描述	字段类型	长度	允许空	缺省值
1	ID	唯一标识号	NUMBER	22		
2	CATEGORYID	类型 ID	NUMBER	22		
3	TITLE	标题	VARCHAR2	4000		
4	SUBHEAD	副标题	VARCHAR2	4000	√	
5	AUTHOR	作者	VARCHAR2	40	√	
6	KEYWORD	关键词	VARCHAR2	4000	√	
7	SOURCE	来源	VARCHAR2	400	√	
8	LASTDATE	最后修改日期	DATE	7		sysdate
9	CONTENT	正文	CLOB	4000	√	
10	STATUS	状态	NUMBER	22	√	1
11	EXPIREDATE	过期日期	DATE	7	√	

（5）元数据逻辑设计

元数据逻辑设计见表 5-26 至表 5-31。

表 5-26　元数据信息表

序号	子集/实体名	元素名/角色名	英文名	英文缩写	定义	约束/条件	出现次数	类型	值域
1.1	MD_元数据		MD_ Metadata	Metadata	定义有关数据集或数据资源的元数据的根实体	M	1	类	1.1.1-1.1.11
1.1.1		元数据名称	metadataTitle	mdTitle	元数据的名称	0	1	学符串	自由文体
1.1.2		元数据创建日期	dataStamp	mdDataSt	元数据的审定日期	M	1	日期	CCYYMMD（GB/T7408-1994）

（续）

序号	子集/ 实体名	元素名/ 角色名	英文名	英文缩写	定义	约束/ 条件	出现 次数	类型	值域
1.1.3		语种	language	mdLang	元数据使用语言	O	N	字符串	"汉语"，"英 语"，自由文本
1.1.4		字符集	characterSet	mdChar	元数据采用的字符编码 标准	O	1	类	MD_字符集代 码（代码表）A.1
1.1.5		元数据标准名称	characterSet	mdChar	执行的元数据标准名称	O	1	字符串	自由文体
1.1.6		元数据标准版本	metadataStan- dardName	mdStanName	执行的元数据标准版 本号	O	1	字符串	自由文体
1.1.7		联系单位	contact	mdStanVer	对元数据信息负责任的 单位或个人	M	N	类	CI_负责单位
1.1.8		角色名：标识 信息	identificationInfo	dataIdInfo	描述林业数据集的基本 信息	M	1	类	MD_标识
1.1.9		角色名：数据质 量信息	dataQualityInfo	dqInfo	提供数据集质量的总体 评价信息	M	1	类	DQ_数据质量
1.1.10		角色名：空间参 照系信息	referenceSystem- Info	refSysInfo	数据集采用的空间参照 系的信息	C/空间 数据	1	类	RS_参照系
1.1.11		角色名：内容 信息	contentInfo	conInfo	数据集数据的内容信 息，包括要素类目等	M	N	类	MD_内容描述
1.1.12		角色名：分发 信息	distributionInfo	distInfo	提供数据集分发以及获 取信息产品方法的信息	O	1	类	MD_分发

表 5-27　标识信息

序号	子集/ 实体名	元素名/ 角色名	英文名	英文缩写	定义	约束/ 条件	出现 次数	类型	值域
2.1	MD_ 标识		MD_Indentifi- cation	Ident	唯一标识资源所遇的基本 信息	M	1	类	2.1.1~2.1.6
2.1.1		引用	citation	idCitation	关于数据集名称、日期、版 本等的说明资料	M	1	类	CI_引用
2.1.2		摘要	adbstract	idAbs	数据集内容概述，包括项目 来源、数据集内容的说明等	M	1	字符串	自由文本
2.1.3		目的	purpose	idPurp	数据集的应用目的	O	1	字符串	自由文本
2.1.4		可信度	Credit	IdCredit	对数据做出贡献者的认可	O	N	字符串	自由文本
2.1.5		状况	status	idStatus	数据集的现状	M	1	类	MD_现状代码 （代码表）A.2
2.1.6		联系方	pointofContact	idPoC	与数据集有关的人或单位	M	N	类	CI_单位
2.2	MD_ 关键词		Md_Keywords	KeyWords	主题关键词信息	M	N		2.2.1~2.2.3
2.2.1		关键词	keyword	keyword	描述主题的通用词、形式化 词或短语	M	N	字符串	自由文本
2.2.2		类型	type	teyTyp	关键词分类	O	1	类	MD_关键词类型 代码（代码表）A.5
2.2.3		辞典名称	thesaurusName	thesaName	正式注册地关键字辞典名称 或类似权威资料的名称				
2.3	MD_ 限制		MD_Constraints	Consts	使用数据集必须遵守的限制 信息	M	N		2.3.1~2.3.4
2.3.1		访问限制	accessConstraints	accessConsts	为保护知识产权对获取数据 集所作的访问限制或约束	O	1	字符串	自由文本

表 5-28　限制信息

序号	子集/实体名	元素名	英文名	英文缩写	定义	约束/条件	出现次数	类型	值域
3.1	MD_限制		MD_ Constraints	Consts	访问和使用资源或元数据的限制	使用参照对象的约束/条件	使用参照对象的最大次数	聚集类	3.1.1
3.1.1		用途限制	useLimitation	useLimit	影像资源或元数据适用性的限制	O	N	字符串	自由文本
3.2	MD_法律限制		Md_ LegalConstraints	LegConsts	访问和使用资源元数据的限制和法律上的先决条件	使用参照对象约束/条件	使用对象的最在出现次数	转化类	3.2.1~3.2.3
3.2.1		访问限制	accessConstraints	accessConsts	对获取资源或元数据施加访问限制,以及任何特殊的约束或限制	0	N	类	MD_限制代码表
3.2.2		使用限制	useConstraints	useConsts	对使用资源或元数据施加的使用限制,以及任何特殊的约束或限制	0	N	类	MD_限制代码表 A.10
3.2.3		其他限制	otherConstraints	otherConsts	访问和使用资源或元数据的其他限制和法律上的先决条件	C/访问限制或使用限制等于其他限制	N	字符串	自由文本
3.3	MD_安全限制		MD_ SecurityConstraints	SecConsts	为了安全考虑,对资源或元数据施加的处理限制	使用参照对象的约束/条件	使用对象的最大出现次数	特化类(MD_限制)	3.3.1~3.3.2
3.3.1		安全限制等级	classification	class	对资源或元数据操作限制的等级名称	M	1	类	MD_安全限制分级代码
3.3.2		用户注意事项	userNote	userNote	为获取或使用资源或元数据的法律限制或其他限制的说明,以及法律上的先决条件	0	N	字符串	自由文本

表 5-29　数据质量信息

序号	子集/实体名	元素名	英文名	英文缩写	定义	约束/条件	出现次数	类型	值域
4.1	DQ_数据质量说明		DQ_ Description	dqDescription	数据质量信息	C/不选用数据志	1		4.1.1~4.1.6
4.1.1		完整性	completness	dqComplete	数据实体、属性和实体关系的存在和缺失的程度。	0		字符串	自由文本
4.1.2		逻辑一致性	logicConsistency	dqLogConsis	数据结构、属性关系及关系的逻辑规则的一致性程度的说明,包括概念、值域、格式以及拓扑关系一致性。	0	参照对象的最大出现次数	字符串	自由文本
4.1.3		准确度	accuracy	dqAcc	数据实体及属性的精度、正确性等	0		字符串	自由文本
4.1.4		验收说明	finalCheckDescription	dqFnlChcDesc	数据集验收信息,例如验收方式、验收标准规模、能收报告中关于数据质量的认定等。	M	1	字符串	自由文本

（续）

序号	子集/实体名	元素名	英文名	英文缩写	定义	约束/条件	出现次数	类型	值域
4.1.5		图件输出质量	outputDescription	dqOutputDesc	数据集图件的输出方式和质量的描述	C/有图件输出的数据集	1	字符串	自由文本
4.1.6		附件质量	documentDescription	dqDocuDesc	数据集附件的齐全程度和附件规范化程度	C/不选用处理过程	1	字符串	自由文本
4.2	DQ_数据志		DQ_Lineage	Lineage	数据源到数据集当前状态的演变过程说明	C/不选用处理过程			4.2.1~4.2.2
4.2.1	LI_数据源		LI_Source	Source	生产数据集所用的数据源信息	C/不选用处理过程	N		4.2.1.1~4.2.1.4
4.2.1.1		数据源说明	description	srcDesc	数据源的详细说明，包括数据源的时空范围、精度、可靠性以及介质等说明	M	1	字符串	自由文本
4.2.1.2		数据源比例尺分母	scaleDenominator	srcSeale	数据源的比例尺分母	O	1	整型	整型数，>0

表 5-30　维护信息

序号	子集/实体名	元素名	英文名	英文缩写	定义	约束/条件	出现次数	类型	值域
5.1	MD_维护信息		MD_MaintenanceInformation	MaintInform	数据集的更新、维护信息	O	N		5.1.1~5.1.3
5.1.1		维护和更新频率	maintenanceAndUpd ateFrequency	maintFreq	在数据集初次完成后，对其进行修改和补充的频率。	M	1	类	MD_维护频率代码(代码表)
5.1.2		更新范围说明	UpdateScopeDescription	upScpDesc	对更新范围以及更新内容的说明，当更新频率未知时，说明最后更新时间。	O	1	字符串	自由文本
5.1.3		维护和更新单位	Contact	maintCont	负责维护的人和单位联系的标识及方法	O	1	类	CI_负责单位

表 5-31　空间表示信息

序号	子集/实体名	元素名	英文名	英文缩写	定义	约束/条件	出现次数	类型	值域
6.1	MD_空间表示		MD_SpatialRepresentation	SpatRep	用于表示空间信息的数字方法	使用参照对象的约束/条件	使用参照对象的最大出现次数	聚集类(MD_元数据)	
6.2	MD_格网空间表示		MD_GridSpatialRepresentation	GridSpatRep	数据集中有关网格空间的信息	使用参照对象的约束/条件	使用参照对象的最大出现次数	特化类(MD_空间表示)	6.2.1~6.2.4
6.2.1		维数	numberofDimensions	numDims	独立的空间–时间轴的数目	M	1	整型	整型数
6.2.2		轴特性	axisDimensionsProperties	axDimProps	有关空间–时间轴特征的信息	M	1	序列	MD_维信息
6.2.3		格网单元几何类型	cellGeometry	cellGeo	标识是点或格网单元的格网数据	M	1	类	MD_格网单元几何类型代码

（续）

序号	子集/实体名	元素名	英文名	英文缩写	定义	约束/条件	出现次数	类型	值域
6.2.4		转化参数可用性	transformationPa-rameterAvailability	tranParaAv	说明影像坐标与已知地理或地图坐标之间的转换参数是否可用	M	1	布尔型	0=否 1=是
6.3	MD_ 矢量空间表示		MD_ VectorSpa-tialRepresentation	vectSpatrep	数据集中矢量空间的表示信息	使用参照对象的约束/条件	使用参数对象的最大出现次数	特化类（MD_ 空间表示）	6.3.1~6.3.2

5.2.3 数据库结构设计

（1）数据库各图层结构设计

数据库各图层结构设计见表5-32至表5-38。

表5-32 HZLY_ SHI(惠州市图层)结构设计

序号	字段名称	字段描述	字段类型	长度	允许空	缺省值
1	OBJECTID	对象编码	NUMBER	38,8	√	
2	JOINID	连接编号	NVARCHAR2	508	√	
3	NAME	名称	NVARCHAR2	40	√	
4	SHAPE	形状	ST_ GEOMETRY	256	√	

表5-33 HZLY_ QX(惠州市区县图层)结构设计

序号	字段名称	字段描述	字段类型	长度	允许空	缺省值
1	OBJECTID	对象编码	NUMBER	,0	√	
2	SHENG	省代码	NVARCHAR2	4	√	
3	SHENG_ NAME	省名称	NVARCHAR2	40	√	
4	XIAN	县代码	NVARCHAR2	12	√	
5	XIAN_ NAME	县名称	NVARCHAR2	40	√	
6	MIAN_ JI	面积	NUMBER	38,8	√	
7	REMARKS	摘要	NVARCHAR2	120	√	
8	SHAPE_ LENG	图形长度	NUMBER	38,8	√	
9	SHAPE	形状	ST_ GEOMETRY	256	√	

表5-34 HZLY_ XZ(惠州市乡镇图层)结构设计

序号	字段名称	字段描述	字段类型	长度	允许空	缺省值
1	OBJECTID	对象 ID	NUMBER	,0		
2	XIAN	县代码	NVARCHAR2	160	√	
3	XIANG	乡代码	NVARCHAR2	160	√	

（续）

序号	字段名称	字段描述	字段类型	长度	允许空	缺省值
4	XIAN_ NAME	县名称	NVARCHAR2	160	√	
5	XIANG_ NAME	乡名称	NVARCHAR2	160	√	
6	MIAN_ JI	面积	NUMBER	38，8	√	
7	JOINID	连接编号	NVARCHAR2	160	√	
8	BZ	备注	NVARCHAR2	160	√	
9	MZGUID	全球唯一标志编码	NVARCHAR2	160	√	
10	SHAPE	形状	ST_ GEOMETRY	256	√	

表 5-35　HZLY_ CWH(惠州市村委会图层)结构设计

序号	字段名称	字段描述	字段类型	长度	允许空	缺省值
1	OBJECTID	对象 ID	NUMBER	，0		
2	XIAN	县代码	NVARCHAR2	160	√	
3	XIANG	乡代码	NVARCHAR2	160	√	
4	CUN	村代码	NVARCHAR2	160	√	
5	XIAN_ NAME	县名称	NVARCHAR2	160	√	
6	XIANG_ NAME	乡名称	NVARCHAR2	160	√	
7	CUN_ NAME	村名称	NVARCHAR2	160	√	
8	MIAN_ JI	面积	NUMBER	38，8	√	
9	JOINID	连接编号 ID	NVARCHAR2	160	√	
10	BZ	备注	NVARCHAR2	160	√	
11	MZGUID	全球位置标志 ID	NVARCHAR2	160	√	
12	SHAPE	形状	ST_ GEOMETRY	256	√	

表 5-36　HZLY_ GYL_ NOW(惠州市公益林现状图层)结构设计

序号	字段名称	字段描述	字段类型	长度	允许空	缺省值
1	OBJECTID	对象 ID	NUMBER	，0		
2	SHENG	省代码	NVARCHAR2	4	√	
3	XIAN	县代码	NVARCHAR2	12	√	
4	XIANG	乡代码	NVARCHAR2	6	√	
5	CUN	村代码	NVARCHAR2	6	√	
6	LIN_ BAN	林班	NVARCHAR2	8	√	
7	XIAO_ BAN	小班	NVARCHAR2	10	√	

（续）

序号	字段名称	字段描述	字段类型	长度	允许空	缺省值
8	DI_ JI_ HAO	地籍号	NVARCHAR2	42	√	
9	MIAN_ JI	面积	NUMBER	38，8	√	
10	JYDM	经营单位代码	NVARCHAR2	12	√	
11	DI_ LEI	地类	NVARCHAR2	8	√	
12	LD_ QS	林地所有权	NVARCHAR2	4	√	
13	LIN_ ZHONG	林种	NVARCHAR2	6	√	
14	BH_ DJ	林地保护等级	NVARCHAR2	2	√	
15	SEN_ LIN_ LB	森林类别	NVARCHAR2	6	√	
16	SHI_ QUAN_ D	事权等级	NVARCHAR2	4	√	
17	DI_ MAO	地貌	NVARCHAR2	2	√	
18	PO_ XIANG	坡向	NVARCHAR2	2	√	
19	PO_ WEI	坡位	NVARCHAR2	2	√	
20	PO_ DU	坡度	NVARCHAR2	2	√	
21	HAI_ BA	海拔	NUMBER	，0	√	
22	QI_ YUAN	起源	NVARCHAR2	4	√	
23	LING_ ZU	龄组	NVARCHAR2	2	√	
24	YU_ BI_ DU	郁闭度	NUMBER	38，8	√	
25	YOU_ SHI_ SZ	优势树种	NVARCHAR2	12	√	
26	MEI_ GQ_ ZS	公顷株数	NUMBER	，0	√	
27	PINGJUN_ XJ	平均胸径	NUMBER	38，8	√	
28	PJG	平均树高	NUMBER	38，8	√	
29	PINGJUN_ NL	平均年龄	NUMBER	，0	√	
30	XB_ XJ	蓄积量	NUMBER	，0	√	
31	FLDSL	森林位别	NVARCHAR2	4	√	
32	QYKZ	主体功能分区	NVARCHAR2	2	√	
33	LYFQ	林业功能分区	NVARCHAR2	500	√	
34	GLLX	林地管理类型	NVARCHAR2	4	√	
35	GJGYL_ BHDJ	公益林保护等级	NVARCHAR2	2	√	
36	ZRBHQ	自然保护区名称	NVARCHAR2	120	√	
37	ZRBHQFQ		NVARCHAR2	2	√	
38	SLGY		NVARCHAR2	120	√	

（续）

序号	字段名称	字段描述	字段类型	长度	允许空	缺省值
39	SLGYDJ		NVARCHAR2	2	√	
40	LM_ SUOYQ		NVARCHAR2	4	√	
41	ST_ GNDJ		NVARCHAR2	16	√	
42	JYCS		NVARCHAR2	2	√	
43	NBBH		NVARCHAR2	120	√	
44	STARTTIME	开始时间	NVARCHAR2	28	√	
45	ENDTIME	结束时间	NVARCHAR2	28	√	
46	CJR		NVARCHAR2	400	√	
47	CJDW		NVARCHAR2	400	√	
48	PCH		NVARCHAR2	400	√	
49	SF_ TBQ		NVARCHAR2	510	√	
50	STQW		NVARCHAR2	510	√	
51	STQWMC		NVARCHAR2	510	√	
52	BZ	备注	NVARCHAR2	510	√	
53	TZNF		NVARCHAR2	510	√	
54	TZLX		NVARCHAR2	510	√	
55	TFH		NVARCHAR2	510	√	
56	SHAPE	形状	ST_ GEOMETRY	256	√	
57	JDSBH	界定书编号	VARCHAR2	2000	√	

表 5-37　HZLY_ GYLJDS(公益林界定书)结构设计

序号	字段名称	字段描述	字段类型	长度	允许空	缺省值
1	OBJECTID	对象编码	NUMBER	, 0		
2	JDSBH1	全球位置标志 ID	NVARCHAR2	100	√	
3	ZHEN_ MC	镇名称	NVARCHAR2	400	√	
4	CXZ	村小组	NVARCHAR2	400	√	
5	MJ	面积	NUMBER	15, 8	√	
6	XIAN_ MC	县名称	NVARCHAR2	400	√	
7	XIAN	县代码	NVARCHAR2	100	√	
8	SHAPE	形状	ST_ GEOMETRY	256	√	

表 5-38　HZLY_ GYLSFQ(公益林示范区图层)结构设计

序号	字段名称	字段描述	字段类型	长度	允许空	缺省值
1	OBJECTID	对象 ID	NUMBER	, 0		
2	ID	序号	NUMBER	, 0	√	
3	SFQ_ NAME	示范区名称	VARCHAR2	2000	√	
4	X	X 坐标	NUMBER	38, 8	√	
5	Y	Y 坐标	NUMBER	38, 8	√	
6	MIAN_ JI	面积	NUMBER	38, 8	√	
7	BEIZHU	备注	NVARCHAR2	100	√	
8	SHAPE	形状	ST_ GEOMETRY	256	√	
9	SFQ_ JJ	示范区简介	VARCHAR2	2000	√	
10	TP	图片	VARCHAR2	2000	√	
11	XIAN	县代码	VARCHAR2	2000	√	

(2)公益林专题数据库结构设计

公益林专题数据库结构设计见表 5-39 至表 5-53。

表 5-39　HZLY_ ZJBZGLB(资金标准管理表)结构设计

序号	字段名称	字段描述	字段类型	长度	允许空	缺省值
1	GUID	唯一标识符	NVARCHAR2	100		
2	CASE_ ID	业务编码	NVARCHAR2	100	√	
3	NF	年份	NUMBER	9, 0	√	
4	ZJZE	资金总额	VARCHAR2	255	√	
5	BCBZ	补偿标准	VARCHAR2	255	√	
6	BZ	备注	VARCHAR2	4000	√	
7	SSXBCBL	损失性补偿比例	NUMBER	22	√	
8	GHFYBL	管护费用比例	NUMBER	22	√	
9	GLFYBL_ QX	区县管理费用比例	NUMBER	22	√	
10	GLFYBL_ XZ	乡镇管理费用比例	NUMBER	22	√	
11	GLFYBL_ C	村级管理费用比例	NUMBER	22	√	
12	ZJPC	资金批次	VARCHAR2	255	√	
13	SXFZJ	省下发资金	NUMBER	22	√	
14	SHIPTZJ	市配套资金	NUMBER	22	√	
15	ZJFFWH	资金发放文号	VARCHAR2	255	√	
16	SQDJ	事权等级	VARCHAR2	255	√	

表 5-40　HZLY_ BCBZB(补偿标准表)结构设计

序号	字段名称	字段描述	字段类型	长度	允许空	缺省值
1	CASE_ ID	业务编号	NVARCHAR2	100	√	
2	BCBZ_ ID	补偿标准编码	NUMBER	10, 0	√	
3	LMQS_ ID	林木权属编码	VARCHAR2	20	√	
4	BCBZ	补偿标准	NUMBER	22	√	
5	BCBZ_ NF	补偿标准年份	NUMBER	4, 0	√	
6	BZ	备注	VARCHAR2	255	√	
7	GUID	唯一标识符	NVARCHAR2	100		
8	SQDJ	事权等级	VARCHAR2	255	√	
9	SSXBCBL	损失性补偿比例	NUMBER	22	√	
10	GHFYBL	管护费用比例	NUMBER	22	√	
11	GLFYBL_ Q	县级管理费用比例	NUMBER	22	√	
12	GLFYBL_ X	镇级管理费用比例	NUMBER	22	√	
13	GLFYBL_ C	村级管理费用比例	NUMBER	22	√	

表 5-41　HZLY_ GHBZB(管护标准表)结构设计

序号	字段名称	字段描述	字段类型	长度	允许空	缺省值
1	CASE_ ID	业务编号	NVARCHAR2	100	√	
2	GUID	唯一标识符	NVARCHAR2	100		
3	GHBZ_ ID	管护标准编号	NUMBER	, 0	√	
4	LMQS_ ID	林木权属编号	VARCHAR2	20	√	
5	GHBZZ	管护标准值	FLOAT	22	√	
6	GHBZNF	管护标准年份	NUMBER	, 0	√	
7	BZ	备注	VARCHAR2	200	√	
8	SQDJ	事权等级	VARCHAR2	255	√	

表 5-42　HZLY_ BCZJB_ XQ[补偿资金表(县/区)]结构设计

序号	字段名称	字段描述	字段类型	长度	允许空	缺省值
1	JYDW_ ID	经营单位编号	VARCHAR2	16	√	
2	JYDWMC	经营单位	VARCHAR2	30	√	
3	ZHEN_ MC	镇名称	VARCHAR2	30	√	
4	XIAN_ MC	县名称	VARCHAR2	30	√	
5	JYMJ	经营总面积	LONG	0	√	

（续）

序号	字段名称	字段描述	字段类型	长度	允许空	缺省值
6	BCMJ	补偿总面积	NUMBER	22	√	
7	BCBZ	补偿标准	NUMBER	22	√	
8	YFJE	应发金额	NUMBER	22	√	
9	KFJE	扣发金额	NUMBER	22	√	
10	SFJE	实发金额	NUMBER	22	√	
11	SFFF	是否发放	VARCHAR2	2	√	
12	FFSJ	发放时间	DATE	7	√	
13	BZ	备注	VARCHAR2	200	√	
14	BCNF	补偿年份	VARCHAR2	4	√	
15	CASE_ ID	业务编码	NVARCHAR2	100	√	
16	GUID	唯一标识符	NVARCHAR2	100		
17	JYMJ_ GJJ	经营面积-国家级	NUMBER	22	√	
18	JYMJ_ SJ	经营面积-省级	NUMBER	22	√	
19	JYMJ_ SHIJ	经营面积-市级	NUMBER	22	√	
20	BCMJ_ GJJ	补偿面积-国家级	NUMBER	22	√	
21	BCMJ_ SJ	补偿面积-省级	NUMBER	22	√	
22	BCMJ_ SHIJ	补偿面积-市级	NUMBER	22	√	
23	GLFY	管理费用	NUMBER	22	√	

表 5-43　HZLY_ BCZJBZ[补偿资金表(乡镇)]结构设计

序号	字段名称	字段描述	字段类型	长度	允许空	缺省值
1	JYDW_ ID	经营单位编号	VARCHAR2	16	√	
2	JYDWMC	经营单位	VARCHAR2	30	√	
3	ZHEN_ MC	镇名称	VARCHAR2	30	√	
4	XIAN_ MC	县名称	VARCHAR2	30	√	
5	JYMJ	经营总面积	NUMBER	22	√	
6	BCMJ	补偿总面积	NUMBER	22	√	
7	BCBZ	补偿标准	NUMBER	22	√	
8	YFJE	应发金额	NUMBER	22	√	
9	KFJE	扣发金额	NUMBER	22	√	
10	SFJE	实发金额	NUMBER	22	√	

（续）

序号	字段名称	字段描述	字段类型	长度	允许空	缺省值
11	SFFF	是否发放	VARCHAR2	200	√	
12	FFSJ	发放时间	DATE	7	√	
13	BZ	备注	VARCHAR2	200	√	
14	BCNF	补偿年份	VARCHAR2	4	√	
15	CASE_ ID	业务编号	NVARCHAR2	100	√	
16	GUID	唯一标识符	NVARCHAR2	100		
17	JYMJ_ GJJ	经营面积–国家级	NUMBER	22	√	
18	JYMJ_ SJ	经营面积–省级	NUMBER	22	√	
19	JYMJ_ SHIJ	经营面积–市级	NUMBER	22	√	
20	BCMJ_ GJJ	补偿面积–国家级	NUMBER	22	√	
21	BCMJ_ SJ	补偿面积–省级	NUMBER	22	√	
22	BCMJ_ SHIJ	补偿面积–市级	NUMBER	22	√	
23	GLFY	管理费用	NUMBER	22	√	
24	FPBL_ GR	分配比例–个人	NUMBER	22	√	
25	FPBL_ JT	分配比例–集体	NUMBER	22	√	
26	BCJE_ GR	个人补偿金额	NUMBER	22	√	
27	BCJE_ JT	集体补偿金额	NUMBER	22	√	
28	TZLX_ SQDJ	事权调整类型	VARCHAR2	200	√	

表 5-44　HZLY_ GYLZJFFXXB［公益林补偿资金发放信息表(村)］结构设计

序号	字段名称	字段描述	字段类型	长度	允许空	缺省值
1	ZHEN_ MC	乡镇名	VARCHAR2	200	√	
2	ZHEN_ ID	乡镇代码	VARCHAR2	200	√	
3	CUN_ MC	村名	VARCHAR2	200	√	
4	CUN_ ID	村代码	VARCHAR2	200	√	
5	CMXZ	村民小组	VARCHAR2	200	√	
6	LBBH	林班编号	VARCHAR2	200	√	
7	CASE_ ID	业务编号	NVARCHAR2	100	√	
8	GUID	唯一标识符	NVARCHAR2	100		
9	XIAN_ ID	县代码	VARCHAR2	200	√	
10	XIAN_ MC	县名称	VARCHAR2	200	√	

（续）

序号	字段名称	字段描述	字段类型	长度	允许空	缺省值
11	BCBZ	补偿标准	NUMBER	22	√	
12	BCZJE	补偿总金额	NUMBER	22	√	
13	SFFF	是否发放	VARCHAR2	200	√	
14	BCBZNF	补偿标准年份	VARCHAR2	200	√	
15	LMQS	林木权属	VARCHAR2	200	√	
16	LQZH	林权证号	VARCHAR2	255	√	
17	SLZT	受理状态	VARCHAR2	255	√	
18	BCZMJ	补偿总面积	NUMBER	22	√	
19	BCMJ_ GJJ	补偿面积-国家级	NUMBER	22	√	
20	BCMJ_ SJ	补偿面积-省级	NUMBER	22	√	
21	BCMJ_ SHIJ	补偿面积-市级	NUMBER	22	√	
22	BCJE_ GR	补偿金额-个人	NUMBER	22	√	
23	BCJE_ JT	补偿金额-集体	NUMBER	22	√	
24	GLJF	管理经费	NUMBER	22	√	
25	BCZZJ	补偿总资金	NUMBER	22	√	
26	MGJEJSFS	每股金额计算方式	VARCHAR2	255	√	
27	FPBL_ GR	分配比例-个人	NUMBER	22	√	
28	FPBL_ JT	分配比例-集体	NUMBER	22	√	
29	FJSC	附件上传	VARCHAR2	2000	√	
30	FFZT	发放状态	VARCHAR2	255	√	
31	TBR	填表人	VARCHAR2	255	√	
32	TBRQ	填表日期	DATE	7	√	
33	FFRQ	资金发放日期	DATE	7	√	

表 5-45　HZLY_ GYLBCDXMXB（公益林补偿对象明细表）结构设计

序号	字段名称	字段描述	字段类型	长度	允许空	缺省值
1	GUID	唯一标识符	NVARCHAR2	100		
2	CASE_ ID	业务编码	NVARCHAR2	100	√	
3	XIAN_ MC	县名称	VARCHAR2	255	√	
4	XIAN_ ID	县代码	NUMBER	22	√	
5	ZHEN_ MC	镇名称	VARCHAR2	255	√	

（续）

序号	字段名称	字段描述	字段类型	长度	允许空	缺省值
6	ZHEN_ ID	镇代码	NUMBER	22	√	
7	CUN_ MC	村名称	VARCHAR2	255	√	
8	CUN_ ID	村代码	NUMBER	22	√	
9	CXZ	村小组	VARCHAR2	255	√	
10	BCDW	补偿单位	VARCHAR2	255	√	
11	BCDX	补偿对象	VARCHAR2	255	√	
12	BCMJ	补偿面积	NUMBER	22	√	
13	BCZJE	补偿总金额	NUMBER	22	√	
14	BCJE_ GR	补偿金额–个人	NUMBER	22	√	
15	BCJE_ JT	补偿金额–集体	NUMBER	22	√	
16	GLJF	管理经费	NUMBER	22	√	
17	BZ	备注	VARCHAR2	255	√	
18	BCZJ_ XJ	补偿资金–小计	NUMBER	22	√	
19	BCMJ_ GJJ	补偿面积–国家级	NUMBER	22	√	
20	BCMJ_ SJ	补偿面积–省级	NUMBER	22	√	
21	BCMJ_ SHIJ	补偿面积–市级	NUMBER	22	√	
22	JDSBH	界定书编号	VARCHAR2	2000	√	

表 5-46　HZLY_ GYLBCZJCKRQDB（资金发放存款人清单表）结构设计

序号	字段名称	字段描述	字段类型	长度	允许空	缺省值
1	ZHEN_ MC	乡镇名	VARCHAR2	200	√	
2	ZHEN_ ID	乡镇代码	VARCHAR2	200	√	
3	CUN_ MC	村名	VARCHAR2	200	√	
4	CUN_ ID	村代码	VARCHAR2	200	√	
5	CMXZ	村民小组	VARCHAR2	200	√	
6	CASE_ ID	业务编号	NVARCHAR2	100	√	
7	GUID	唯一标识符	NVARCHAR2	100		
8	XIAN_ ID	县代码	VARCHAR2	200	√	
9	XIAN_ MC	县名称	VARCHAR2	200	√	
10	KHH	开户行	VARCHAR2	200	√	
11	YHZH	银行账号	VARCHAR2	200	√	

（续）

序号	字段名称	字段描述	字段类型	长度	允许空	缺省值
12	XM	姓名	VARCHAR2	200	√	
13	CXZ	村小组	VARCHAR2	200	√	
14	SFZHM	身份证号码	VARCHAR2	200	√	
15	LXDH	联系电话	VARCHAR2	200	√	
16	LXDZ	联系地址	VARCHAR2	200	√	
17	GFS	股份数	NUMBER	22	√	
18	BCJE	补偿金额	NUMBER	22	√	
19	SFFF	是否发放	VARCHAR2	200	√	
20	MGJE	每股金额	NUMBER	22	√	
21	DJH	地籍号	VARCHAR2	2000	√	
22	QSLX	权属类型	VARCHAR2	200	√	

表 5-47　HZLY_ GYLBCJFFGSB（公益林补偿金发放公示表）结构设计

序号	字段名称	字段描述	字段类型	长度	允许空	缺省值
1	GSDX	补偿对象	VARCHAR2	200	√	
2	BZ	备注	VARCHAR2	200	√	
3	CASE_ ID	业务编号	NVARCHAR2	100	√	
4	GUID	唯一标识符	NVARCHAR2	100		
5	XH	序号	VARCHAR2	200	√	
6	GSRQ	公示日期	DATE	7	√	
7	JZRQ	截止日期	DATE	7	√	
8	GSNR	公示内容	VARCHAR2	200	√	
9	GSDW	公示单位	VARCHAR2	200	√	
10	LXR	联系人	VARCHAR2	200	√	
11	FJSC	附件上传	VARCHAR2	200	√	
12	XIAN_ MC	县名称	VARCHAR2	255	√	
13	ZHEN_ MC	镇名称	VARCHAR2	255	√	
14	CUN_ MC	村名称	VARCHAR2	255	√	
15	NF	年份	VARCHAR2	255	√	
16	LXDH	联系电话	VARCHAR2	255	√	
17	SFYYY	是否有异议	VARCHAR2	255	√	

序号	字段名称	字段描述	字段类型	长度	允许空	缺省值
18	YYNR	异议内容	VARCHAR2	1000	√	
19	YYCLQK	异议处理情况	VARCHAR2	1000	√	
20	YYCLR	异议处理人	VARCHAR2	255	√	
21	YYCLRQ	异议处理日期	DATE	7	√	

表 5-48　HZLY_ GYLZJFFSHB(公益林资金发放审核表)结构设计

序号	字段名称	字段描述	字段类型	长度	允许空	缺省值
1	CASE_ ID	业务编码	NVARCHAR2	100	√	
2	GUID	唯一标识符	NVARCHAR2	100		
3	XCZJ_ YJ	县财政局意见	VARCHAR2	500	√	
4	XCZJ_ FZR	县财政局负责人	VARCHAR2	200	√	
5	XCZJ_ RQ	县财政局日期	DATE	7	√	
6	XLYJFS_ FZR	县林业局复审-负责人	VARCHAR2	200	√	
7	XLYJFS_ YJ	县林业局复审-意见	VARCHAR2	200	√	
8	XLYJFS_ RQ	县林业局复审-日期	DATE	7	√	
9	XLYJCS_ YJ	县级林业局初审意见	VARCHAR2	200	√	
10	XLYJCS_ RQ	县级林业局初审日期	DATE	7	√	
11	SHILYJSH_ YJ	市级林业局审核意见	VARCHAR2	200	√	
12	SHILYJSH_ RQ	市级承办机构审核日期	DATE	7	√	
13	BZ	备注	VARCHAR2	200	√	
14	XLYJCS_ FZR	县级林业局初审负责人	VARCHAR2	255	√	
15	SHILYJSH_ FZR	市级林业局负责人	VARCHAR2	255	√	
16	FJSC	附件上传	VARCHAR2	2000	√	
17	ZLYZSH_ YJ	镇林业站审核意见	VARCHAR2	200	√	
18	ZLYZSH_ FZR	镇林业站审核负责人	VARCHAR2	200	√	
19	ZLYZSH_ RQ	镇林业站审核日期	DATE	7	√	

表 5-49　HZLY_ GHZJB_ XQ[管护资金表(县/区)]结构设计

序号	字段名称	字段描述	字段类型	长度	允许空	缺省值
1	CASE_ ID	业务编号	NVARCHAR2	100	√	
2	HLY_ ID	护林员代码	VARCHAR2	21	√	
3	HLY_ MC	护林员名称	VARCHAR2	30	√	

（续）

序号	字段名称	字段描述	字段类型	长度	允许空	缺省值
4	ZHEN_MC	镇名称	VARCHAR2	30	√	
5	XIAN_MC	县名称	VARCHAR2	20	√	
6	GHMJ	管护面积	NUMBER	22	√	
7	XBGS	小班个数	NUMBER	22	√	
8	YFJE	应发金额	NUMBER	22	√	
9	JJ	奖金	NUMBER	22	√	
10	KFJE	扣发金额	NUMBER	22	√	
11	SFJE	实发金额	NUMBER	22	√	
12	SFFF	是否发放	VARCHAR2	2	√	
13	FFSJ	发放时间	DATE	7	√	
14	BZ	备注	VARCHAR2	200	√	
15	GHNF	管护年份	VARCHAR2	4	√	
16	GUID	唯一标识符	NVARCHAR2	100		
17	GLJF	县级管理费用	NUMBER	22	√	
18	GHRYJFHJ	管护人员经费合计	NUMBER	22	√	
19	GHFY	管护费用	NUMBER	22	√	''

表 5-50　HZLY_GHZJB［管护资金表（乡镇）］结构设计

序号	字段名称	字段描述	字段类型	长度	允许空	缺省值
1	CASE_ID	业务编号	NVARCHAR2	100	√	
2	HLY_ID	护林员代码	VARCHAR2	21	√	
3	HLY_MC	护林员名称	VARCHAR2	30	√	
4	ZHEN_MC	镇名称	VARCHAR2	30	√	
5	XIAN_MC	县名称	VARCHAR2	20	√	
6	GHMJ	管护面积	NUMBER	22	√	
7	XBGS	小班个数	NUMBER	22	√	
8	YFJE	应发金额	NUMBER	22	√	
9	JJ	奖金	NUMBER	22	√	
10	KFJE	扣发金额	NUMBER	22	√	
11	SFJE	实发金额	NUMBER	22	√	
12	SFFF	是否发放	VARCHAR2	255	√	

（续）

序号	字段名称	字段描述	字段类型	长度	允许空	缺省值
13	FFSJ	发放时间	DATE	7	√	
14	BZ	备注	VARCHAR2	200	√	
15	GHNF	管护年份	VARCHAR2	255	√	
16	GUID	唯一标识符	NVARCHAR2	100		
17	FFZT	发放状态	VARCHAR2	255	√	
18	GHFY	管护费用	NUMBER	22	√	
19	GLFY	镇级管理费用	NUMBER	22	√	

表 5-51　HZLY_ GYLBGTZSQB（公益林变更调整申请表）结构设计

序号	字段名称	字段描述	字段类型	长度	允许空	缺省值
1	CASE_ ID	业务编号	NVARCHAR2	100	√	
2	GUID	唯一标识符	NVARCHAR2	100		
3	ZHEN_ MC	镇名称	VARCHAR2	200	√	
4	CUN_ MC	村名称	VARCHAR2	200	√	
5	STQW	生态区位	VARCHAR2	200	√	
6	LQZH	林权证号	VARCHAR2	200	√	
7	JDSBH	界定书编号	VARCHAR2	200	√	
8	TZLY	调整理由	VARCHAR2	200	√	
9	PZWH	批准文号	VARCHAR2	200	√	
10	BZ	备注	VARCHAR2	200	√	
11	TZLX	调整类型	VARCHAR2	200	√	
12	TZHLZ	调整后林种	VARCHAR2	200	√	
13	TBR	填表人	VARCHAR2	200	√	
14	LXDH	联系电话	VARCHAR2	200	√	
15	TBRQ	填表日期	VARCHAR2	200	√	
16	XIAN_ MC	县名称	VARCHAR2	255	√	
17	SCFJ	上传附件	VARCHAR2	255	√	
18	TBBH	图斑编号	VARCHAR2	255	√	
19	TCMJ	调出面积	NUMBER	15, 0	√	
20	TCMJ_ GJJ	国家级调出面积	NUMBER	15, 0	√	
21	TCMJ_ SHENGJ	省级调出面积	NUMBER	15, 0	√	

（续）

序号	字段名称	字段描述	字段类型	长度	允许空	缺省值
22	TCMJ_ SHIJ	市级调出面积	NUMBER	15，0	√	
23	TJMJ	调进面积	NUMBER	15，0	√	
24	TJMJ_ GJJ	国家级调进面积	NUMBER	15，0	√	
25	TJMJ_ SHENGJ	省级调进面积	NUMBER	15，0	√	
26	TJMJ_ SHIJ	市级调进面积	NUMBER	15，0	√	
27	TFH	图幅号	VARCHAR2	255	√	
28	DJH	地籍号	VARCHAR2	255	√	
29	TZQSQ	调整前事权	VARCHAR2	255	√	
30	STHXDJ	生态红线等级	VARCHAR2	255	√	
31	TZHSQ	调整后事权	VARCHAR2	255	√	
32	YLZ	原林种	VARCHAR2	255	√	
33	YSSZ	优势树种	VARCHAR2	255	√	
34	SQWH	申请文号	VARCHAR2	255	√	
35	PCH	批次号	VARCHAR2	255	√	
36	TZZLX	调整主类型	VARCHAR2	255	√	
37	TZLX_ SQDJ	调整类型−事权等级	VARCHAR2	255	√	
38	NF	年份	VARCHAR2	255	√	

表 5-52 HZLY_ GYLGXGZSHB（公益林更新改造审核表）结构设计

序号	字段名称	字段描述	字段类型	长度	允许空	缺省值
1	CASE_ ID	业务编号	NVARCHAR2	100	√	
2	GUID		NVARCHAR2	100		
3	SQLY	申请理由	VARCHAR2	500	√	
4	CBR	承办人	VARCHAR2	200	√	
5	SQRQ	申请日期	DATE	7	√	
6	XZLYZ_ YJ	乡镇林业站意见	VARCHAR2	500	√	
7	XZLYZ_ FZR	乡镇林业站负责人	VARCHAR2	200	√	
8	XZLYZ_ RQ	乡镇林业站日期	DATE	7	√	
9	GYLGLJG_ YJ	公益林管理机构意见	VARCHAR2	200	√	
10	GYLGLJG_ FZR	公益林管理机构负责人	VARCHAR2	200	√	
11	GYLGLJG_ RQ	公益林管理机构日期	DATE	7	√	

（续）

序号	字段名称	字段描述	字段类型	长度	允许空	缺省值
12	SHEJLYBM_ YJ	省级林业部门意见	VARCHAR2	200	√	
13	SHEJLYBM_ RQ	省级林业部门日期	DATE	7	√	
14	SHEJLYBM_ FZR	省级林业部门负责人	VARCHAR2	200	√	
15	SHILYZGBM_ RQ	市级林业主管部门审核日期	DATE	7	√	
16	BZ	备注	VARCHAR2	200	√	
17	GJLYJSH_ YJ	国家林业局审核意见	VARCHAR2	255	√	
18	GJLYJSH_ FZR	国家林业局审核负责人	VARCHAR2	255	√	
19	GJLYJSH_ RQ	国家林业局审核日期	DATE	7	√	
20	SHILYZGBM_ FZR	市级林业主管部门负责人	VARCHAR2	255	√	
21	XJRMZF_ FZR	县级人民政府负责人	VARCHAR2	255	√	
22	XJRMZF_ RQ	县级人民政府日期	DATE	7	√	
23	XJRMZF_ YJ	县级人民政府日期	VARCHAR2	255	√	
24	SHILYZGBM_ YJ	市级林业主管部门意见	VARCHAR2	255	√	
25	FJSC	附件上传	VARCHAR2	2000	√	

表 5-53　HZLY_ HLYB(护林员表)结构设计

序号	字段名称	字段描述	字段类型	长度	允许空	缺省值
1	CASE_ ID	业务名称	NVARCHAR2	100	√	
2	XH	序号	VARCHAR2	200	√	
3	ZHEN_ MC	镇名称	VARCHAR2	200	√	
4	XM	镇监管员名	VARCHAR2	200	√	
5	XB	性别	VARCHAR2	200	√	
6	NL	年龄	VARCHAR2	200	√	
7	LXDH	联系电话	VARCHAR2	200	√	
8	YHZH	银行账号	VARCHAR2	200	√	
9	GUID	唯一标识符	NVARCHAR2	100		
10	XIAN_ MC	县名称	VARCHAR2	200	√	
11	SFZH	身份证号	VARCHAR2	200	√	
12	NX	年薪	VARCHAR2	200	√	
13	SFZZ	是否专职	VARCHAR2	200	√	
14	YHMC	银行名称	VARCHAR2	200	√	

（续）

序号	字段名称	字段描述	字段类型	长度	允许空	缺省值
15	BZ	备注	VARCHAR2	200	√	
16	CUN_MC	村名称	VARCHAR2	255	√	
17	FJSC	附件上传	VARCHAR2	255	√	
18	OBJECTID	图斑编号	VARCHAR2	255	√	
19	DI_JI_HAO	地籍号	VARCHAR2	2000	√	
20	GHXY	管护协议	VARCHAR2	255	√	
21	GHFW	管护范围	VARCHAR2	255	√	
22	GHMJ	管护面积(公顷)	NUMBER	22	√	
23	LDZL	林地坐落	VARCHAR2	255	√	
24	LB	类别	VARCHAR2	255	√	
25	TP	图片	VARCHAR2	255	√	
26	YDDH	移动电话	VARCHAR2	255	√	
27	ZZ	住址	VARCHAR2	255	√	
28	ZJH	证件号	VARCHAR2	255	√	
29	SFJH	身份证号	VARCHAR2	255	√	
30	SSXJGY	所属县监管员	VARCHAR2	255	√	
31	SJ	时间	VARCHAR2	255	√	
32	XJGY	县监管员	VARCHAR2	255	√	
33	JGMJ	监管面积	VARCHAR2	255	√	
34	JGCGHZZ		VARCHAR2	255	√	
35	XL		VARCHAR2	255	√	
36	ZZMM	政治面貌	VARCHAR2	255	√	
37	GHXYBH	管护协议编号	VARCHAR2	255	√	
38	NF	年份	VARCHAR2	255	√	
39	SCRQ	上传日期	DATE	7	√	sysdate

（3）档案资料数据库结构设计

档案资料数据库结构设计见表5-54至表5-57。

表5-54 HZLY_DAZLGLB(档案资料管理表)结构设计

序号	字段名称	字段描述	字段类型	长度	允许空	缺省值
1	XH	序号	VARCHAR2	200	√	
2	NF	年份	VARCHAR2	200	√	

（续）

序号	字段名称	字段描述	字段类型	长度	允许空	缺省值
3	ZLLX	资料类型	VARCHAR2	200	√	
4	ZLMC	资料名称	VARCHAR2	200	√	
5	SCRQ	上传日期	DATE	7	√	
6	SCR	上传人	VARCHAR2	200	√	
7	ZLLY	资料来源	VARCHAR2	200	√	
8	CASE_ID	业务编码	NVARCHAR2	100	√	
9	GUID	唯一标识符	NVARCHAR2	100		
10	FJSC	附件上传	VARCHAR2	200	√	
11	WJNR	文件内容	VARCHAR2	2000	√	
12	GHR	管护人姓名	VARCHAR2	200	√	
13	XYSBH	协议书编号	VARCHAR2	200	√	
14	XBH	小班号	VARCHAR2	200	√	
15	LBH	林班号	VARCHAR2	200	√	
16	DJH	地籍号	VARCHAR2	200	√	
17	XIAN_MC	县名称	VARCHAR2	200	√	

表 5-55　HZLY_GYLJDSB（界定书信息表）结构设计

序号	字段名称	字段描述	字段类型	长度	允许空	缺省值
1	GUID	唯一标识符	NVARCHAR2	100		
2	CASE_ID	业务编码	NVARCHAR2	100	√	
3	JDSBH	界定书编号	VARCHAR2	255	√	
4	JF	甲方	VARCHAR2	255	√	
5	YF	乙方	VARCHAR2	255	√	
6	DZ	东至	VARCHAR2	255	√	
7	XZ	西至	VARCHAR2	255	√	
8	NZ	南至	VARCHAR2	255	√	
9	BZ	北至	VARCHAR2	255	√	
10	JDRQ	界定日期	DATE	7	√	
11	QLR	权利人	VARCHAR2	255	√	
12	DJH	地籍号	NVARCHAR2	4000	√	
13	GHXYSBH	管护协议书编号	VARCHAR2	255	√	

（续）

序号	字段名称	字段描述	字段类型	长度	允许空	缺省值
14	CUN	村	VARCHAR2	255	√	
15	ZHEN	镇	VARCHAR2	255	√	
16	XIAN	县	VARCHAR2	255	√	
17	FJSC	附件上传	VARCHAR2	255	√	
18	SCR	上传人	VARCHAR2	255	√	
19	SCRQ	上传日期	DATE	7	√	
20	NF	年份	VARCHAR2	255	√	
21	JDSMC	界定书名称	VARCHAR2	255	√	
22	BEIZU	备注	VARCHAR2	2000	√	
23	JDMJ	界定面积	VARCHAR2	255	√	
24	XIAN_ MC	县名称	VARCHAR2	255	√	
25	DXTH	地形图号	VARCHAR2	255	√	
26	ZHEN_ MC	镇名称	VARCHAR2	255	√	

表 5-56　HZLY_ GYLZTTGLB（公益林专题图管理表）结构设计

序号	字段名称	字段描述	字段类型	长度	允许空	缺省值
1	XH	序号	VARCHAR2	200	√	
2	NF	年份	VARCHAR2	200	√	
3	ZTTLB	专题图类别	VARCHAR2	200	√	
4	ZTTMC	专题图名称	VARCHAR2	200	√	
5	SCRQ	上传日期	DATE	7	√	
6	SCR	上传人	VARCHAR2	200	√	
7	ZTTMS	专题图描述	VARCHAR2	2000	√	
8	CASE_ ID	业务编码	NVARCHAR2	100	√	
9	GUID	唯一标识符	NVARCHAR2	100		
10	FJSC	附件上传	VARCHAR2	200	√	
11	TP	图片	BLOB	4000	√	

表 5-57　HZLY_ GHHTXXB（管护合同信息表）结构设计

序号	字段名称	字段描述	字段类型	长度	允许空	缺省值
1	GUID	唯一标识符	NVARCHAR2	100		
2	CASE_ ID	业务编码	NVARCHAR2	100	√	

（续）

序号	字段名称	字段描述	字段类型	长度	允许空	缺省值
3	JDSBH	界定书编号	VARCHAR2	255	√	
4	JF	甲方	VARCHAR2	255	√	
5	YF	乙方	VARCHAR2	255	√	
6	DZ	东至	VARCHAR2	255	√	
7	XZ	西至	VARCHAR2	255	√	
8	NZ	南至	VARCHAR2	255	√	
9	BZ	北至	VARCHAR2	255	√	
10	QDRQ	签订日期	DATE	7	√	
11	GHR	管护人	VARCHAR2	255	√	
12	DJH	地籍号	NVARCHAR2	42	√	
13	GHXYSBH	管护协议书编号	VARCHAR2	255	√	
14	CUN	村	VARCHAR2	255	√	
15	ZHEN	镇	VARCHAR2	255	√	
16	XIAN	县	VARCHAR2	255	√	
17	FJSC	附件上传	VARCHAR2	255	√	
18	SCR	上传人	VARCHAR2	255	√	
19	SCRQ	上传日期	DATE	7	√	
20	NF	年份	VARCHAR2	255	√	
21	GHXYSMC	协议书名称	VARCHAR2	255	√	
22	XIAN_ MC	县名称	VARCHAR2	255	√	
23	ZHEN_ MC	镇名称	VARCHAR2	255	√	

（4）综合业务数据库结构设计

综合业务数据库结构设计见表5-58、表5-59。

表 5-58　HZLY_ ZLXZQWJGLB（资料下载区文件管理表）结构设计

序号	字段名称	字段描述	字段类型	长度	允许空	缺省值
1	XH	序号	VARCHAR2	200	√	
2	NF	年份	VARCHAR2	200	√	
3	ZLLB	资料类别	VARCHAR2	200	√	
4	ZLMC	资料名称	VARCHAR2	200	√	
5	SCRQ	上传日期	DATE	7	√	
6	SCR	上传人	VARCHAR2	200	√	

（续）

序号	字段名称	字段描述	字段类型	长度	允许空	缺省值
7	ZLMS	资料描述	VARCHAR2	2000	√	
8	FJSC	附件上传	VARCHAR2	200	√	
9	CASE_ ID	业务编码	NVARCHAR2	100	√	
10	GUID	唯一标识符	NVARCHAR2	100		

表 5-59　LR_ OA_ NEWS(新闻中心表)结构设计

序号	字段名称	字段描述	字段类型	长度	允许空	缺省值
1	F_ NEWSID	新闻主键	VARCHAR2	100		
2	F_ TYPEID	类型 (1-新闻 2-公告)	NUMBER	11, 0	√	
3	F_ CATEGORYID	父级主键	VARCHAR2	100	√	
4	F_ CATEGORY	所属类别	VARCHAR2	100	√	
5	F_ FULLHEAD	完整标题	VARCHAR2	400	√	
6	F_ FULLHEADCOLOR	标题颜色	VARCHAR2	100	√	
7	F_ BRIEFHEAD	简略标题	VARCHAR2	100	√	
8	F_ AUTHORNAME	作者	VARCHAR2	100	√	
9	F_ COMPILENAME	编辑	VARCHAR2	100	√	
10	F_ TAGWORD	Tag 词	VARCHAR2	400	√	
11	F_ KEYWORD	关键字	VARCHAR2	400	√	
12	F_ SOURCENAME	来源	VARCHAR2	100	√	
13	F_ SOURCEADDRESS	来源地址	VARCHAR2	100	√	
14	F_ NEWSCONTENT	新闻内容	CLOB	4000	√	
15	F_ PV	浏览量	NUMBER	11, 0	√	
16	F_ RELEASETIME	发布时间	DATE	7	√	
17	F_ SORTCODE	排序码	NUMBER	11, 0	√	
18	F_ DELETEMARK	删除标记	NUMBER	11, 0	√	
19	F_ ENABLEDMARK	有效标志	NUMBER	11, 0	√	
20	F_ DESCRIPTION	备注	VARCHAR2	400	√	
21	F_ CREATEDATE	创建日期	DATE	7	√	
22	F_ CREATEUSERID	创建用户主键	VARCHAR2	100	√	
23	F_ CREATEUSERNAME	创建用户	VARCHAR2	100	√	
24	F_ MODIFYDATE	修改日期	DATE	7	√	
25	F_ MODIFYUSERID	修改用户主键	VARCHAR2	100	√	
26	F_ MODIFYUSERNAME	修改用户	VARCHAR2	100	√	

（5）公益林代码设计

公益林代码设计见表5-60。

表5-60　公益林代码设计

中文字段	英文字段	代码	名称
地类	DILEI	111	乔木林
地类	DILEI	112	红树林
地类	DILEI	113	竹林
地类	DILEI	120	疏林地
地类	DILEI	130	灌木林地
地类	DILEI	131	国家特别规定灌木林地
地类	DILEI	132	其他灌木林地
地类	DILEI	141	未成林造林地
地类	DILEI	142	未成林封育地
地类	DILEI	150	苗圃地
地类	DILEI	161	采伐迹地
地类	DILEI	162	火烧迹地
地类	DILEI	1631	其他无立木林地
地类	DILEI	171	宜林荒山荒地
地类	DILEI	172	宜林沙荒地
地类	DILEI	174	红树林宜林滩涂地
地类	DILEI	173	其他宜林地
地类	DILEI	180	林业辅助生产用地
地类	DILEI	210	农用地
地类	DILEI	220	牧草地
地类	DILEI	230	水利用地（湿地）
地类	DILEI	240	未利用地
地类	DILEI	250	建设用地
地类	DILEI	251	工矿建设用地
地类	DILEI	252	城乡居民建设用地
地类	DILEI	253	交通建设用地
地类	DILEI	254	其他用地
林地所有权	LDSYQ	10	国有
林地所有权	LDSYQ	20	集体
林地使用权	LDSHIYQ	10	国有林地

（续）

中文字段	英文字段	代码	名称
林地使用权	LDSHIYQ	20	集体林地
林地使用权	LDSHIYQ	30	个人
林地使用权	LDSHIYQ	40	民营
林地使用权	LDSHIYQ	50	外商
林木所有权	LMSUOYQ	10	国有
林木所有权	LMSUOYQ	20	集体
林木所有权	LMSUOYQ	30	个人
林木所有权	LMSUOYQ	40	民营
林木所有权	LMSUOYQ	50	外商
林木使用权	LMSHIYQ	10	国有
林木使用权	LMSHIYQ	20	集体
林木使用权	LMSHIYQ	30	个人
林木使用权	LMSHIYQ	40	民营
林木使用权	LMSHIYQ	50	外商
森林公园等级	SLGYDJ	1	国家级
森林公园等级	SLGYDJ	2	省级
森林公园等级	SLGYDJ	3	市县级
自然保护分区	ZRBHQFQ	1	核心区
自然保护分区	ZRBHQFQ	2	缓冲区
自然保护分区	ZRBHQFQ	3	实验区
土壤名称	TRMC	101	砖红壤
土壤名称	TRMC	102	赤红壤
土壤名称	TRMC	103	红壤
土壤名称	TRMC	104	黄壤
土壤名称	TRMC	151	沼泽土
土壤名称	TRMC	152	水稻土
土壤名称	TRMC	163	潮土
土壤名称	TRMC	171	（滨海）盐土
土壤名称	TRMC	181	紫色土
土壤名称	TRMC	182	石灰土
土壤名称	TRMC	186	火山灰土

（续）

中文字段	英文字段	代码	名称
土壤名称	TRMC	191	山地草甸土
工程类别	GCLB	0	无
工程类别	GCLB	10	天然林资源保护工程
工程类别	GCLB	25	珠江防护林
工程类别	GCLB	51	国家级自然保护区
工程类别	GCLB	52	省级自然保护区
工程类别	GCLB	53	市级自然保护区
工程类别	GCLB	54	县级自然保护区
工程类别	GCLB	70	全国湿地保护工程
工程类别	GCLB	60	速生丰产林基地
工程类别	GCLB	90	其他工程
林地管理类型	LDGLLX	10	林业部门
林地管理类型	LDGLLX	20	非林业部分
被占林地类型	BZLDLX	1	现状林地
被占林地类型	BZLDLX	2	规划林地
被占林地类型	BZLDLX	3	被占林地
被占林地类型	BZLDLX	31	被占国家级公益林
被占林地类型	BZLDLX	32	被占省级公益林
被占林地类型	BZLDLX	33	被占市县级公益林
被占林地类型	BZLDLX	34	被占商品林
森林位别	SLWB	11	林地森林
森林位别	SLWB	21	耕地森林
森林位别	SLWB	22	园地森林
森林位别	SLWB	23	未利用地森林
森林位别	SLWB	24	工矿建设用地森林
森林位别	SLWB	25	交通建设用地森林
森林位别	SLWB	26	水利用地森林
森林位别	SLWB	27	公共服务用地森林
森林位别	SLWB	28	城乡居民建设用地森林
森林位别	SLWB	29	其他非林地用地森林
森林类别	SLLB	10	公益林地

（续）

中文字段	英文字段	代码	名称
森林类别	SLLB	11	重点公益林地
森林类别	SLLB	12	一般公益林地
森林类别	SLLB	21	重点商品林地
森林类别	SLLB	22	一般商品林地
林种	LINZHONG	110	防护林
林种	LINZHONG	111	水源涵养林
林种	LINZHONG	112	水土保持林
林种	LINZHONG	113	防风固沙林(沿海防护林)
林种	LINZHONG	114	农田防护林
林种	LINZHONG	115	护岸林(湿地红树林)
林种	LINZHONG	116	护路林
林种	LINZHONG	117	其他防护林
林种	LINZHONG	120	特种用途林
林种	LINZHONG	121	国防林
林种	LINZHONG	122	实验林
林种	LINZHONG	123	母树林
林种	LINZHONG	124	环境保护林(自然保护小区林)
林种	LINZHONG	125	风景林
林种	LINZHONG	126	名胜古迹和革命纪念林
林种	LINZHONG	127	自然保护林(自然保护区林)
林种	LINZHONG	231	短轮伐期工业原料用材林
林种	LINZHONG	232	速生丰产用材林
林种	LINZHONG	233	一般用材林
林种	LINZHONG	240	薪炭林
林种	LINZHONG	250	经济林
林种	LINZHONG	251	果树林
林种	LINZHONG	252	食用原料林
林种	LINZHONG	253	林化工业原料林
林种	LINZHONG	254	药用林
林种	LINZHONG	255	其他经济林
事权等级	SQDJ	10	国家级

（续）

中文字段	英文字段	代码	名称
事权等级	SQDJ	20	省级
事权等级	SQDJ	30	市级
事权等级	SQDJ	40	县级
公益林保护等级	BHDJ	1	一级
公益林保护等级	BHDJ	2	二级
公益林保护等级	BHDJ	3	三级
优势树种	YSSZ	101	杉木
优势树种	YSSZ	201	马尾松（广东松）
优势树种	YSSZ	202	湿地松（国外松）
优势树种	YSSZ	301	桉树
优势树种	YSSZ	302	速生相思
优势树种	YSSZ	303	木麻黄
优势树种	YSSZ	305	黎蒴
优势树种	YSSZ	304	其他软阔
优势树种	YSSZ	406	其他硬阔
优势树种	YSSZ	501	针叶混交林
优势树种	YSSZ	502	针阔混交林
优势树种	YSSZ	503	阔叶混交林
优势树种	YSSZ	601	毛竹
优势树种	YSSZ	602	杂竹
优势树种	YSSZ	711	荔枝（龙眼）
优势树种	YSSZ	710	其他木本果树
优势树种	YSSZ	721	油茶
优势树种	YSSZ	722	茶叶
优势树种	YSSZ	720	其他食用原料林
优势树种	YSSZ	731	橡胶
优势树种	YSSZ	730	其他林产化工树
优势树种	YSSZ	741	肉桂
优势树种	YSSZ	740	其他药用树种
优势树种	YSSZ	750	其他经济树种
优势树种	YSSZ	801	红树林

（续）

中文字段	英文字段	代码	名称
起源	QIYUAN	10	天然
起源	QIYUAN	11	纯天然
起源	QIYUAN	12	人工促进
起源	QIYUAN	13	萌生（天然）
起源	QIYUAN	20	人工
起源	QIYUAN	21	植苗
起源	QIYUAN	22	直播
起源	QIYUAN	23	飞播
起源	QIYUAN	24	萌生（人工）
龄组（竹度）	LINGZU	1	幼龄林
龄组（竹度）	LINGZU	2	中龄林
龄组（竹度）	LINGZU	3	近熟林
龄组（竹度）	LINGZU	4	成熟林
龄组（竹度）	LINGZU	5	过熟林
竹度	ZHUDU	1	幼龄竹
竹度	ZHUDU	2	壮龄竹
竹度	ZHUDU	4	中龄竹
竹度	ZHUDU	5	老龄竹
生产期	SCQ	1	产前期
生产期	SCQ	2	初产期
生产期	SCQ	3	盛产期
生产期	SCQ	4	衰产期
森林群落结构	SLQLJG	1	完整结构
森林群落结构	SLQLJG	2	较完整结构
森林群落结构	SLQLJG	3	简单结构
林层结构	LCJG	1	单层林
林层结构	LCJG	2	复层林
天然更新等级	TRGXDJ	1	良好
天然更新等级	TRGXDJ	2	中等
天然更新等级	TRGXDJ	3	不良
交通区位（可及度）	JTQW	1	一级

（续）

中文字段	英文字段	代码	名称
交通区位（可及度）	JTQW	2	二级
交通区位（可及度）	JTQW	3	三级
交通区位（可及度）	JTQW	4	四级
交通区位（可及度）	JTQW	5	五级
经营措施	JYCS	1	人工造林
经营措施	JYCS	2	人工更新
经营措施	JYCS	3	低效林改造
经营措施	JYCS	4	封山育林
经营措施	JYCS	5	抚育间伐
经营措施	JYCS	6	管护
生长类型	SZLX	1	I
生长类型	SZLX	2	II
生长类型	SZLX	3	III
自然度	ZRD	1	I级
自然度	ZRD	2	II级
自然度	ZRD	3	III级
自然度	ZRD	4	IV级
自然度	ZRD	5	V级
森林健康度	SLJKD	1	健康
森林健康度	SLJKD	2	亚健康
森林健康度	SLJKD	3	中健康
森林健康度	SLJKD	4	不健康
森林灾害类型	SLZHLX	0	无灾害
森林灾害类型	SLZHLX	10	病虫害
森林灾害类型	SLZHLX	11	病害
森林灾害类型	SLZHLX	12	虫害
森林灾害类型	SLZHLX	20	火灾
森林灾害类型	SLZHLX	30	气候灾害
森林灾害类型	SLZHLX	31	风折（倒）
森林灾害类型	SLZHLX	32	雪压
森林灾害类型	SLZHLX	33	滑坡、泥石流

（续）

中文字段	英文字段	代码	名称
森林灾害类型	SLZHLX	34	干旱
森林灾害类型	SLZHLX	40	其他灾害
森林灾害等级	SLZHLX	0	无
森林灾害等级	SLZHLX	1	轻
森林灾害等级	SLZHLX	2	中
森林灾害等级	SLZHLX	3	重
生态功能等级	STGNDJ	1	Ⅰ级
生态功能等级	STGNDJ	2	Ⅱ级
生态功能等级	STGNDJ	3	Ⅲ级
森林景观等级	SLJGDJ	1	一等
森林景观等级	SLJGDJ	2	二等
森林景观等级	SLJGDJ	3	三等
森林景观等级	SLJGDJ	4	四等
土地退化类型	TDTHLX	0	非退化土地
土地退化类型	TDTHLX	1	荒漠化土地
土地退化类型	TDTHLX	2	沙化土地
土地退化类型	TDTHLX	3	石漠化土地
沙化类型	SHLX	110	流动沙丘
沙化类型	SHLX	121	人工半固定沙地
沙化类型	SHLX	122	天然半固定沙地
沙化类型	SHLX	131	人工固定沙地
沙化类型	SHLX	132	天然固定沙地
沙化类型	SHLX	140	露沙地
沙化类型	SHLX	150	沙化耕地
沙化类型	SHLX	160	非生物治沙工程地
沙化类型	SHLX	200	有明显沙化趋势土地
沙化类型	SHLX	300	非沙化土地
沙化程度	SHLX	1	轻度
沙化程度	SHLX	2	中度
沙化程度	SHLX	3	重度
沙化程度	SHLX	4	极重度

（续）

中文字段	英文字段	代码	名称
石漠化程度	SMHCD	0	无石漠化
石漠化程度	SMHCD	10	潜在石漠化
石漠化程度	SMHCD	21	轻度石漠化
石漠化程度	SMHCD	22	中度石漠化
石漠化程度	SMHCD	23	强度石漠化
石漠化程度	SMHCD	24	极强度石漠化
土壤侵蚀类型	TRQSLX	1	面状
土壤侵蚀类型	TRQSLX	2	沟状
土壤侵蚀类型	TRQSLX	3	崩塌
土壤侵蚀等级	TRQSLX	31	轻微
土壤侵蚀等级	TRQSLX	32	中级
土壤侵蚀等级	TRQSLX	33	强度
土壤侵蚀等级	TRQSLX	34	剧烈
下木优势种	XMYSZ	31	杉木
下木优势种	XMYSZ	32	松木
下木优势种	XMYSZ	33	杂木
灌木优势种	GMYSZ	21	杜鹃
灌木优势种	GMYSZ	22	桃金娘
灌木优势种	GMYSZ	23	岗松
灌木优势种	GMYSZ	24	杂灌
灌木优势种	GMYSZ	25	竹灌
草本优势种	CBYSZ	11	芒萁
草本优势种	CBYSZ	12	蕨类
草本优势种	CBYSZ	13	大芒
草本优势种	CBYSZ	14	小芒
草本优势种	CBYSZ	15	杂草
坡位	PW	1	脊
坡位	PW	2	上
坡位	PW	3	中
坡位	PW	4	下
坡位	PW	5	谷

（续）

中文字段	英文字段	代码	名称
坡位	PW	6	平地
坡位	PW	7	全坡
坡向	PX	1	北
坡向	PX	2	东北
坡向	PX	3	东
坡向	PX	4	东南
坡向	PX	5	南
坡向	PX	6	西南
坡向	PX	7	西
坡向	PX	8	西北
坡向	PX	9	无坡向
坡度	PD	1	平
坡度	PD	2	缓
坡度	PD	3	斜
坡度	PD	4	陡
坡度	PD	5	急
坡度	PD	6	险
地貌	DM	1	极高
地貌	DM	2	高山
地貌	DM	3	中山
地貌	DM	4	低山
地貌	DM	5	丘陵
地貌	DM	6	平原
流域	LY	701	西江
流域	LY	702	北江
流域	LY	703	东江
流域	LY	871	韩江
流域	LY	870	其他
地类	DILEI	200	非林地
外业区划	WYQH	0	未调查
外业区划	WYQH	1	已调查

（续）

中文字段	英文字段	代码	名称
林地保护等级	LDBHDJ	1	I级
林地保护等级	LDBHDJ	2	II级
林地保护等级	LDBHDJ	3	III级
林地保护等级	LDBHDJ	4	IV级
林地质量等级	LDZLDJ	1	I级
林地质量等级	LDZLDJ	2	II级
林地质量等级	LDZLDJ	3	III级
林地质量等级	LDZLDJ	4	IV级
林地质量等级	LDZLDJ	5	V级
主体功能分区	ZTGNFQ	1	优化开发区
主体功能分区	ZTGNFQ	2	重点开发区
主体功能分区	ZTGNFQ	3	生态开发区
主体功能分区	ZTGNFQ	4	禁止开发区
平均胸径	PJXJ	1	平均胸径必须在[0, 60.0]范围内, 单位: cm
土层厚度	TRHD	1	土层厚度必须在[0, 150]范围内, 单位: cm
郁闭度	YBD	1	郁闭度: 必须在[0, 1]范围之间
平均树高	PJSG	1	平均树高必须在[0, 30]范围之间, 单位: m
公顷株数	GQZS	1	公顷株数在[0, 9999]之间, 单位: 株
植被总盖度	ZBZGD	1	植被总盖度: 值在[0, 100]之间
枯枝落叶厚度	KZLYHD	1	值在[0, 20]之间, 单位: cm
下木株数	XMZS	1	下木株数: 值在[0, 50]之间
下木地径	XMDJ	1	下木地径: 值在[0, 30]范围之间
下木均高	XMJG	1	下木平均高必须在[0, 6]范围内, 单位: m
下木年龄	XMNL	1	下木平均年龄必须在[0, 20]范围内, 单位: 年
灌木均高	GMJG	1	灌木平均高必须在[0, 6]范围内, 单位: m
灌木年龄	GMNL	1	灌木平均年龄必须在[0, 100]范围内, 单位: 年
灌木盖度	GMGD	1	灌木盖度: 必须在[0, 100]范围内
灌木株数	GMZS	1	灌木株数: 必须在[0, 100]范围内

（续）

中文字段	英文字段	代码	名称
草本年龄	CBNL	1	草本平均年龄必须在［0，5］范围内，单位：年
草本均高	CBJG	1	草本平均高必须在［0，3］范围内，单位：m
草本盖度	CBGD	1	草本盖度：值在［0，100］范围内
灌木地径	GMDJ	1	灌木地径值在［0，30］之间，单位：cm
成活（保存率）	CHL	1	成活（保存率）：值在［0，100］之间
林地使用权	LDSHIYQ	60	其他
林木所有权	LMSUOYQ	60	其他
林木使用权	LMSHIYQ	60	其他
灌木优势种	GMYSZ	26	红树林

5.3 数据建库流程

5.3.1 数据建库更新

根据林业行业标准《林业数据库更新技术规范》（LY/T 2174—2013），进行数据库的更新设计。

（1）数据标准化规范化改造

数据符合一定的标准和规范是使信息能够共享的必备条件。其标准化原则为标准化规范化改造按照已有国家标准、"数字林业"行业标准进行，若无国家标准和行业标准时，可参照国际标准进行；既没有国家标准和行业标准，也没有相应的国际标准，可研究制定内部遵循的暂定标准，暂行标准应有利于信息共享与 集成分析。

数据分类与编码：数据分类和编码是利用计算机进行数据存储、分析、处理的需要，分类体系与编码系统是否符合标准规范，直接影响到数据组织、联接、传输和共享。所有数据库都必须按照相应的信息分类标准及编码系统进行数据分类和编码改造，表明地理要素空间特征的字段要严格按照地理信息标准与规范进行分类与编码，如行政单元应采用对应的标准代码。

空间数据配准：地理基础是地理信息数据表示格式与规范的重要组成部分，统一的空间定位框架是为各种数据信息输入、输出和匹配处理提供共同的地理坐标基础。政务信息所涉及的数据来源和类别多种多样，必须统一到同一种坐标体系中。

数据转换：建立统一的数据转换标准（包括矢量数据、栅格数据、统计数据等的标准格式）和其他相关的地理信息技术标准和规范是本项目进行数据处理、分析与应用的需要。制定统一的数据标准格式，采用"数字惠州"工程建设的相应的转换软件，各数据库在对数据进行改造时利用转换工具把所有数据转换成标准格式。具体内容为把矢量数据转为

Shape 格式，栅格数据转为 GIF，其他属性数据转为支持 ODBC 的通用 RDBMS 的数据格式。

（2）数据库结构改造

完成数据改造之后，需分析数据情况，调整和完善数据库结构，既使数据项能够很好地反映数据特征，又应具有最小冗余度。为此，要进行字段的增加、删除或修改，特别是数据的地理特征字段(可以用作空间定位的字段)要仔细考虑，有些需要建立属性数据和空间数据的关联(通过相应字段的标准代码)，以便连接空间数据与属性数据，进行空间定位，这时必须考虑涉及哪些字段，如果是统计数据，应把统计单元按照定位标准进行划分。

（3）数据质量控制

数据质量控制的主要目的是提高数据质量，最后要完成数据质量报告，数据的质量情况应该体现在元数据中。为提高数据质量，使数据库有较高的应用价值，必须制定一套数据质量控制方法，各单位据此对入库的数据进行质量控制，主要包括以下几方面：

数据精度：包括定位精度，指在数据集合(如地图)中物体的地理位置与其真实的地面位置之间的差别；属性精度，属性包括离散变量和连续变量，前者如土地利用等级、植被类型等，后者如温度、平均值等，连续变量的精度类似位置精度，离散变量的精度主要取决于其分类精度估计。各部门应当通过与共享平台底图的配准尽量提高数据的定位精度，通过遵循相应的数据分类标准提高属性精度。

逻辑一致性：数据元素间要维护良好的逻辑关系，如行政境界与管理区域境界应严格一致，两个数据集合不仅位置精度水平要一致，逻辑关系上也应当一致，数据层与底图的叠加可以较好地看出数据间是否具有逻辑一致性。

数据完整性：包括数据层的完整性，即研究区域可用的数据组成部分的完整性，这种不完整可能是数据属性包括数据集合内地理特征属性的不完整，也可能是数据未完全覆盖研究区域；数据分类完整性，指如何选择分类才能准确表达数据，主要与分类标准有关。

数据时间性与更新：对许多类型的地理信息而言时间是个严格因素，数据是否具有现势性是用户关心的数据质量的一个重要方面，需要进行更新的数据要及时更新。

（4）数据划分

数据更新及元数据编写完成后，要划分出集中共享、分布无偿共享与分布有偿共享的数据，并确定用户级别。

（5）建立数据服务器并提交相关文档

把更新完的数据转入数据库中，建立数据服务器，提交有关文档，包括数据库改造报告、数据字典、使用说明等。

5.3.2　数据整合建库

（1）数据分析

根据收集到的数据进行分析，了解数据的基本情况和存在问题。

①了解数据形成过程。分析数据，了解其形成过程。例如林地落界数据和资源档案数据，林地落界数据最初是在森林资源更新数据基础上完成的，为了满足林地保护利用规划

需求，以及反映年度更新成果，但由于林地落界工作经历了几次"回头看"等反复过程，并且由于与资源更新的不同步，频繁的数据修改使其与资源档案数据产生了很大的差异。

数据的形成过程是我们进行数据分析的依据，只有在充分了解其形成背景和过程的基础上，才能达到数据整合的最终目的。

②了解数据存在的问题。根据整合数据的特点了解并整理数据存在的问题。数据可能存在的问题包括以下几个方面：

数据格式不一致：由于生成数据的工具不统一，导致数据格式不一致，致使数据不能共享。

数据投影坐标不一致：根据各自业务部门的需要，数据可能存储为地理坐标系、空间坐标系以及自定义坐标系，导致数据不能直接整合。

数据结构不一致：各业务数据是为了满足各业务部门需要制定的，因此可能出现字段名称不统一、缺少必要字段(如林地落界数据的数据结构缺少二类调查中规定的调查因子等)等问题。

图形不一致：因频繁的数据修改，导致空间数据的不一致。

属性不一致：由于数据标准不一致，导致同一类型的属性不一致(如有些数据地类划分比较笼统)。

（2）数据标准化处理

森林资源数据标准化就是将数据格式、语义、结构、编码等各个方面与指定的森林资源数据标准存在的差异的森林资源数据转换成标准的过程。

按照整合数据的特点与数据标准规范要求，数据需要在数据格式、图形质量、数据结构、字段含义、数据编码、数据单位等6个方面与标准规范相一致。

（3）森林资源数据标准化具体要求

①图形数据规范方面。要求坐标系统一致、空间关系正确。在空间关系上，要求小班之间无交叉、无包含(岛除外)、无缝隙、无空洞、无悬挂；要求小班与林场、林场与乡镇、乡镇与市县、市县与省域严格包含关系、界限叠加无缝隙，准确接边。

②属性数据规范方面。要求数据结构统一、字段含义一致，地类、树种等各数据因子代码统一规范，小班、林班等林业行政单位编码规则一致，数量单位换算到统一尺度，数据逻辑检查无矛盾等。

（4）数据标准化的实现思路

将整个标准化工作分为数据检查预处理、数据标准化处理和数据成果验证3个阶段。

①数据检查预处理。检查预处理是实现标准化的前提，具体工作包括：一是检查源数据结构与编码，应严格符合地方标准；二是统一空间坐标系统，进行空间和属性因子逻辑检查并纠错，将空间数据与属性数据正确关联。

②数据标准化处理。数据标准化处理主要完成两项工作，即建标准表结构和数据按编码标准化转换。数据经过数据结构匹配、代码转换、结果优化、逻辑检查几个步骤，完成数据标准化处理。

③标准化成果验证。通过逻辑检查来判断标准化后的数据是否符合相关技术规程要求。逻辑检查条件可根据实际需要增加或减少。

（5）数据质检

数据质检方式主要包括空间数据检查、属性数据检查、空间数据与属性数据关联关系检查等。

①空间数据检查。通过建立拓扑关系进行空间关系审核，如在空间关系上，要求小班之间无交叉、无包含（岛除外）、无缝隙、无空洞、无悬挂；要求小班与林场、林场与乡镇、乡镇与市县、市县与省域严格包含关系、界限叠加无缝隙，准确接边。

②属性数据检查。通过逻辑关系检查判断是否符合相关要求，逻辑检查条件可根据实际需要增加或减少。

③空间数据与属性数据关联关系检查。通过对空间数据和属性数据建立关联关系，验证空间数据和属性数据之间一对一、一对多或多对一的关联关系。

（6）数据整合

数据整合涉及空间分析、属性归属判断、合并后数据检查等诸多技术环节，操作流程繁锁，容易发生错误。

在数据融合之处首先需要确定融合的基础原则和目的，主要是为了确定图形基准和属性的归属，如"图形数据以林地一张图为基准，属性数据是结合两套数据空间和逻辑分析结果，实现最大限度合理化"。

将整个数据融合工作分为数据规则制定、数据融合处理和数据成果验证 3 个阶段，其中数据规则制定是决定数据融合质量的重要步骤。

①数据融合规则制定。数据融合规则制定包括两方面的内容：一是空间数据基准，确定空间数据的基准图层，以及当数据之间存在冲突（重叠）时，空间数据的取舍，这里需要考虑空间数据的年限问题；二是属性归属判断，在确定了空间数据的基础上，确定保留的属性数据规则，需要注意属性数据之间的主从关系，如资源数据，在确定地类后，方可确定资源数据相应空间位置的数据哪些属性可以补充进来。

②数据融合处理。在确定数据融合规则后，可采用适当的工具对数据进行处理。在数据融合处理前，可先选取实验区进行试验处理，经过验证确认后，再进行推广。

③数据成果验证。通过逻辑检查来判断标准化后的数据是否符合相关技术规程要求。逻辑检查条件可根据实际需要增加或减少。

5.3.3　数据入库/更新

按数据库相关标准规范，将整合完成的数据进行入库。数据更新参考数据入库流程，具体如下：

依据信息资源规划（IRP）的成果以及林业资源数据标准规范体系，对已有的各类林业资源数据实施"二重质检、三重入库"的数据规整、质检、建库过程（图 5-7）。

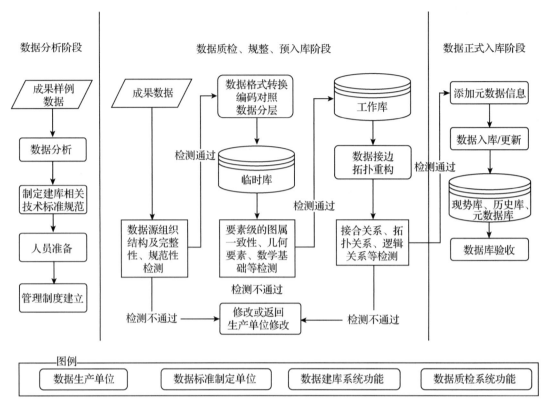

图 5-7　规范建库流程

6 应用系统的设计

6.1 系统设计原则

　　根据前文所述的建设目标和任务，生态公益林信息管理系统的设计本着易操作性、安全可靠性等原则进行设计。系统的首要特点是能够直观的查询和分析生态公益林进行空间数据与属性数据，同时能够实现生态公益林业务管理、补偿资金发放、进行日常的护林工作、及时掌握公益林的生态情况、实时管理护林工作人员及绩效评价等多项业务的需求。

　　针对系统的易操作原则，本系统选择采用 C/S+B/S 的混合结构搭建了生态公益林信息管理系统，在界面的风格和操作界面上，我们考虑到本系统投入使用后的大多数使用者都是基层工作人员，计算机水平参差不齐，坚持界面友好的原则，提高操作方便性能。此系统不仅实现了网页版的各类操作，还能单机版实现公益林的调整，最大限度地提高了该系统的易操作性。

　　针对安全可靠性原则，本系统采用非对称式加密方法对公共网络的数据进行加密处理，并对网络的 mac 地址和登录 IP 采用整体加密的管理机制，对关键业务数据的访问添加密匙管理和授权设计以防止恶意入侵，定时对系统采取备份和检测，通过以上手段使系统达到较高的安全度。

6.2 系统功能设计

　　为了满足生态公益林管理的数据维护、"一张图"展示、业务管理、补偿资金管理及移动巡查等方面的应用需求，在具体应用上，系统主要设计有六大功能模块，即生态公益林资源档案管理、生态公益林资金管理、基于 Android 的移动核查平台、护林员巡护管理、生态公益林综合应用管理以及系统管理功能。系统功能框架如图 6-1 所示。

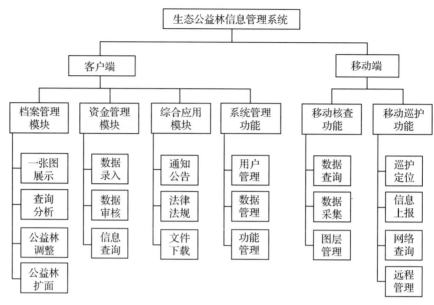

图 6-1　系统功能模块设计

6.2.1　生态公益林资金管理功能设计

生态公益林资金管理，用以确保生态补偿资金的发放过程的透明化，加强资金使用的监督检查，确保资金管理的制度化、规范化。资金管理主要包括管护资金管理、补偿资金管理，其中县区分局用户在系统中录入(补偿、管护)资金的使用信息，包括资金总额、发放进度、结余等信息。市局用户则负责在系统中审核资金录入数据，并进行数据汇总和统计，导出报表。同时，实现补偿资金等信息的查询，查询方式包括一体化查询和条件查询。

此功能模块，包括资金标准管理、损失性补偿资金管理(县)、损失性补偿资金管理(镇)、损失性补偿资金管理(村)、管理管护资金管理(县)、管理管护资金管理(镇)和历史数据查看等子功能模块。

(1)资金标准管理

资金标准管理是指对当年度的资金发放总额、总补偿标准、损失性补偿金标准(不同事权等级)和管护标准(不同事权等级)、损失性补偿资金比例、管护人员费用比例、各行政级别所发的管理费比例等信息进行管理，系统将根据该批次的补偿资金下发标准和各类比例，计算县镇村各级的资金下发金额。

(2)损失性补偿资金管理(县)

该模块是指对市林业局内各县区当年度应发放的损失性补偿金进行录入和管理，其中经营总面积是从生态公益林图层中的小班面积计算而来，国家级、省级和市级经营面积是根据事权等级从生态公益林图层中的小班面积计算而来。补充总面积根据经营总面积核减上一年度调出公益林面积并累计上年度调入公益林面积计算而来。

应发金额＝国家级补偿面积×国家级公益林补偿标准+省级补偿面积×省级公益林补偿标准+市级补偿面积×市级公益林补偿标准。

实发金额＝应发金额－扣发金额。

（3）损失性补偿资金管理（镇）

该模块是指对本县区的乡镇（街道）当年度应发放的损失性补偿金进行录入和管理，其中经营总面积是从生态公益林图层中的小班面积计算而来，国家级、省级和市级经营面积是根据事权等级从生态公益林图层中的小班面积计算而来。补充总面积根据经营总面积核减上一年度调出公益林面积并累计上年度调入公益林面积计算而来。

应发金额＝国家级补偿面积×国家级公益林补偿标准+省级补偿面积×省级公益林补偿标准+市级补偿面积×市级公益林补偿标准。

实发金额＝应发金额−扣发金额。

（4）损失性补偿资金管理（村）

该模块是指对该镇所辖村当年度应发放的损失性补偿资金及村级管理费用进行录入和管理，由村级人员录好补偿对象表和存款人清单表并导入系统后，系统自动汇总计算录入的补偿面积，并根据录入的补偿标准计算补偿金额，管理费用则根据该年度录入的比例计算生成。该业务流程涉及节点如图6-2。

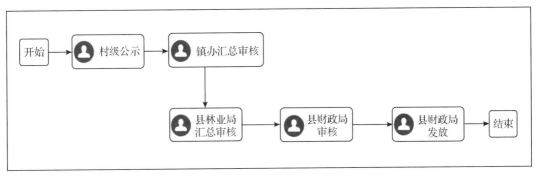

图6-2　损失性补偿资金管理（村）业务流程节点

（5）管理管护资金管理（县）

该功能模块是指对本市各县区当年度应发放的管护资金进行录入和管理。

管护经费＝本年度管护标准×经营面积（管护面积），管理费用则根据补偿标准管理表中录入的管理费用比例自动计算生成。

（6）管理管护资金管理（镇）

管理管护资金管理（镇）是指对本县区内各乡镇（街道）当年度应发放的管护资金进行录入和管理。

管护经费＝本年度管护标准×经营面积（管护面积），管理费用则根据补偿标准管理表中录入的管理费用比例自动计算生成。

6.2.2　生态公益林变更管理功能设计

变更管理实现公益林的调整。公益林数据分为图像数据和属性数据，公益林的调整可以在系统中修改小班因子数据，并完成调整业务的审核界面。公益林的扩面可利用图件制作功能，根据新增的工作底图，设置扩面的作业图层，实现新小班数据的制作和储存。同时，县区用户负责扩面的数据录入和上传资料，包括图件等资料的扫描上传，市局用户负责审核、汇总和统计数据。

该功能模块是用于公益林小班调整变更而设计的 OA 业务流程功能，主要为县级林业局申请调整小班图形所用。公益林调整流程的节点如图 6-3。

流程说明：在需要调整公益林的镇级人员向县递交小班调整申请书（或省厅发文下达给县级公益林小班调整文书）后，县级林业局业务相关人员登陆系统发起该业务流程，进入【开始】节点，填写调整申请信息并上传相关附件，并在 C/S 端系统中，将该批申请的小班复制进入临时层，并生成【批次号】，填写在表单中，完善表单填写信息后，点击【发起流程】，发送流程节点至下一个，发送时系统自动识别所填写的【调整类型】字段：如果是"征占用林地"，即该业务为省厅发文下达给县级调整文书以调整公益林小班，则该流程不需要经过县、市、省的审核节点，直接发送至县林业局落实节点，相关落实人员进入系统查看到该流程，复制【批次号】，在 C/S 系统种根据该【批次号】查询到该业务需调整的小班图形，再使用系统的"调进"或"调出"相关功能实现公益林小班在图层之间的位置转换；如果该业务不是"征占用林地"的调整类型，即在【开始】节点发送出后，依次进入【县林业局审核】、【市林业局审核】、【省林业局批复】和【县林业局落实】等节点（图 6-3）。

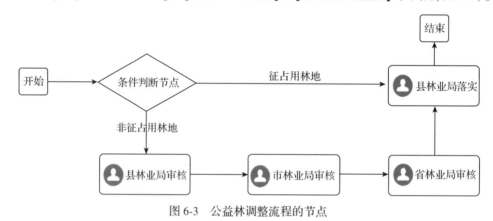

图 6-3　公益林调整流程的节点

6.2.3　生态公益林专题查询应用分析功能设计

专题查询分析统计功能模块主要包括四个功能：公益林"一张图"展示功能、公益林小班数据查询功能、公益林电子档案查询功能、公益林数据统计功能。

（1）公益林"一张图"展示

公益林"一张图"展示功能是基于生态公益林基础数据，以遥感影像图、电子地图为底图，展示生态公益林现有空间数据，可以实现信息查询和综合应用的目的，结合实际工作需求，叠加相关专题图层，如公益林示范区空间数据等，可以提供图、数、表等混合方式的资源展示方式，能够为生态公益林的管理与决策提供辅助支持。

（2）公益林小班数据查询

公益林小班数据查询功能包括属性查询、通用查询、空间查询及定位查询等四个主要查询功能。其中，属性查询功能是根据确定需要查询的字段名实现查询功能；通用查询是根据不同图层数据，指定关键字进行模糊查询，进而筛选最终查询结果；空间查询是指导入（绘制）图形实现和公益图层的叠加分析的查询功能；定位查询可实现区县、乡镇、村、林班、小班五个字段数据的联动查询，逐级选择区域以定位到具体的林班或小班；或者根据输入实际的坐标信息确定图层公益林位置的查询方式。

（3）公益林电子档案查询

公益林电子档案查询功能包括管护协议查询、调整批复文件查询、界定书查询和资金下达文件查询等电子档案的查询功能。该查询功能不仅可以根据相关文件批号进行精准查询，还可以实现自定义的模糊查询。

（4）公益林数据统计

公益林数据统计功能包括生态公益林各地类面积统计表、生态公益林面积统计表、生态公益林补偿资金发放情况统计表、生态公益林管护措施落实情况表、生态公益林重点公益林面积变动情况统计表、林区工作人员情况汇总表等报表输出功能。

6.2.4　生态公益林巡护监控功能设计

生态公益林巡护监控功能模块将 GIS 技术、GPS 技术与 4G/3G/GPRS 相结合，采用内外业一体化管理新模式，利用卫星定位系统和无线服务技术，实时掌握护林员野外巡护与监测情况，提高巡护与监测效率。

生态公益林巡护监控功能主要由护林员手持终端(具有 GSP 定位功能的安卓智能手机或平板电脑)上运行的护林员 APP 和管理人员使用的巡护后台构成。护林员使用护林员 APP，通过运营商网络传输数据，在手持终端上可以直接查看公益林小班的矢量地图和卫星影像地图，并将巡护监测各类信息精确地定位在系统的地理信息中，管理人员可以在巡护后台实时监测所有外业巡护人员的巡护轨迹、巡护监测信息数据，打破原有离线数据采集信息滞后不及时的情况，把事后监督提高到实时监控，操作的方便性、实时性大大提高，真正实现内外业工作的一体化、动态化。

管理人员可以在后台实时监控所有外业巡护人员的巡护轨迹、巡护监测信息数据。包括实时监控功能、轨迹管理功能、日志管理功能、信息管理功能、统计分析等。

具体功能模块如图 6-4 所示。

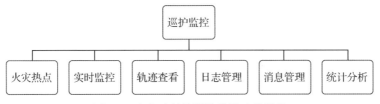

图 6-4　生态公益林巡护监控功能模块

（1）火灾热点

火灾热点是利用护林员 APP 对上传林木火情事件进行管理，包括火灾热点查询、火灾热点查看、火灾热点处置、火灾热点定位、火灾热点分布。

①火灾热点查询。火灾热点查询的条件有所属单位、上报时间、处置状态。符合条件的查询结果用列表显示。具体内容有所属单位、火灾地点、上报时间、上报人员、处置状态。

②火灾热点查看。点击查询结果列表中的火灾热点的记录，可以查看火灾热点详细信息。火灾热点详细信息有所属单位、上报时间、上报人员、事发地点经纬度、事件描述、现场图片或视频、处置状态、处置意见、处置人、处置时间。

③火灾热点处置。具有火灾热点处置权限的管理人员在查看事件时可以填写火灾热点处置意见。

④火灾热点定位。在火灾热点查询和火灾热点查看过程中点击事件定位操作按钮，地图上就会显示该火灾热点发生的具体位置。

⑤火灾热点分布。在火灾热点查询过程中点击火灾热点分布操作按钮，地图上就会显示查询结果的所有火灾热点的分布情况，不同类型的火灾热点在地图上以不同颜色的图标区分。点击对应的火灾热点图标可以查看火灾热点详细信息。

（2）实时监控

管理人员进入巡护后台的实时监控模块可以查看权限范围内的所有护林员列表，市级管理人员可以查看所有护林员，县级管理人员只能查看本县的护林员。护林员列表以市、县、镇树形结构逐层显示，并显示每层级护林员总人数、正在巡护人数。护林员列表还会实时显示护林员在线、正在巡护、离线等不同状态。

点击护林员列表中的某个护林员姓名可以调出该护林员详细资料，包括所属单位、姓名、性别、手机号、身份证号码、民族、学历、婚姻状况、聘用情况、是否有合同、管护面积。

点击某正在巡护的护林员对应的查看实时位置按钮，地图上就会显示该护林员的实时所在位置。

还可以选定多个正在巡护的护林员，设置自动监控，系统可以进行自动实时监控，地图上就会显示选定的护林员实时所在位置并按照一定的频率更新位置，方便跟踪护林员。

（3）轨迹查看

轨迹查看可根据选择条件查询护林员的历史轨迹记录，并且可播放历史轨迹。

管理人员可以输入所属单位、护林员、开始日期、结束日期等条件进行查询，系统以树形结构显示符合查询条件的所有护林员的历史轨迹记录，每个护林员开始巡护和结束巡护时间段内的轨迹数据为一条历史轨迹记录。

点击历史轨迹记录对应的播放按钮，进行轨迹播放，可选择播放速度，如正常播放、2倍速度播放、4倍速度播放、10倍速度播放等。轨迹播放过程中可以选择暂停播放和继续播放。

（4）日志管理

日志管理主要查看护林员通过护林员APP上传的每日工作日志，可作为护林员考核的一种形式，管理人员可以看到护林员每日工作内容和工作类型。

管理人员可以查看权限范围内所有护林员工作日志，可以按照所属单位、日志上报人、日志上报起始日期、日志上报截止日期对工作日志进行查询。点击某条日志记录可以查看工作日志的详细信息，包括：所属单位、上报人、工作类型、工作内容、上报时间。

（5）消息管理

消息管理是市、县林业局向护林员使用的护林员APP推送消息的管理，包括发送消息、查看、编辑和删除消息。

①消息发送。在消息管理模块，点击发送消息，填写消息类型、紧急程度、消息内容，选择接收对象进行发送或暂存。

市级管理人员可以选择对该市所有县的护林员进行消息推送，也可以选择部分县或指定的护林员进行消息推送。

县级管理人员可以选择对该县的所有护林员进行消息推送，也可以选择对指定的护林员进行消息推送。

已发送成功的消息不能再进行编辑，未完成发送的消息可以暂存，进行再编辑。

②消息查看。可以按消息类型、紧急程度、消息内容、发送日期进行查询，查询结果以列表显示，点击某条消息可以查看消息详细信息，包括消息类型、紧急程度、消息内容、发送人、发送日期、接收对象。

③消息编辑。可以对未完成发送的消息进行再编辑，再发送。

④删除消息。可以删除未完成发送的消息。

（6）统计分析

①事件统计分析。可以根据单位和日期范围条件统计该单位下护林员上报的各类事件的数量，事件统计分析可逐层穿透，直至具体的护林员上报的事件记录。

②日志统计分析。日志统计分析是对乡镇护林员上报的工作日志按天进行统计，为进一步对护林员进行考核管理提供有利依据。

6.2.5 移动终端应用功能设计

移动终端系统是采用基于 Android 的移动 GIS 开发架构，Android 开发平台是由谷歌与开放手机联盟合作开发的一个开放、自由的移动终端平台，它由操作系统、中间件、应用软件三部分组成。该平台备有完善的程序开发环境，平台提供了两个基于位置服务的地图 API 开发包：Android. location 以及 com. google. Android. maps。通过对这两个地图 API 开发包内与位置服务相关的类的使用，配合设备本身的具备的定位定向等相关模块，利用 SuperMap iMobile for Android 可以很好地实现对用户移动空间信息服务应用程序开发。

该功能能够实现图层管理、数据浏览查询、图形编辑、属性录入、线测量、面测量、GPS 操作和系统设置等功能。用于外业调查定位与采集公益林资源数据，可以对公益林资源小班图形的编辑和属性信息的高效录入，保证无图形错误和属性逻辑错误，保证数据质量，提高外业核查工作效率。

移动终端功能主要包括信息汇报、火情上报、个人轨迹、请假申请、一建求助等功能模块。

具体功能模块如图 6-5 所示。

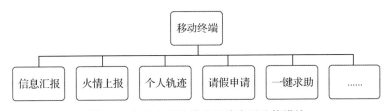

图 6-5　生态公益林移动终端应用功能模块

（1）信息汇报

护林员登录护林员 APP 后，可以进行各类信息的上报，主要以列表选择信息类型，报告森林火情火灾、护林员日志、毁林案件、木材运输案件、林地案件、破坏林业设施、破坏新造林地、林业有害生物和野生动物植物等案件的汇报和查看，支持文字和图片。

（2）火情上报

火灾热点包括卫星热点及人为上报火灾两种，展示信息包括文字和图片。系统将不同的处理状态以不同的颜色条和文字表示。

护林员在日常巡护过程中当发现异常事件时，可以通过巡护 APP 的火情上报模块上报林地出现的火灾事件。

进入火情上报界面，填写火情火灾详情，拍摄火情火灾现场的照片或视频，填写事件标题、事件描述等详细信息进行上报。护林员 APP 会自动记录事件上报时的定位信息，护林员也可以根据实际位置调整自动获取的位置信息。

为了提供森林防火的决策支持，护林员 APP 提供了基础数据（航空蓄水池、涉林防火扑火应急队、专业森林消防队等）的位置显示。

（3）个人轨迹

进入公益林小班展示地图界面，在这里可以定位到用户当前的真实位置，开始巡护或结束巡护。点击开始巡护按钮启动巡护，用户处于巡护状态，巡护 APP 会每隔一段时间向服务器提交一个当前位置点坐标，以便巡护后台管理者可以监控到护林员位置。点击结束巡护，结束本次巡护操作。巡护 APP 会自动将巡护数据上传到巡护后台，如果没有网络则保存在本地，待连入网络后自动提交至后台。

护林员在巡护过程中可以离开实时巡护操作界面进行其他操作，不影响巡护轨迹的上传，但不能退出巡护 APP。

（4）请假申请

本模块为护林员提供了请假申请等功能，实现对请假进行记录、提交、审批等程序。

护林员在此模块提交请假申请，查看自己的请假记录、审批状态；上级管理者在此模块查看下级人员的请假申请并作出审批处理，也可进行提交请假申请的操作。

（5）一键求助

本模块是给护林员提供求助功能，当遇到危险时，用户通过点击"一键求助"可以将当前的地理位置发送出去，系统接收到后将求助信息下发到其他人员，这样其他人员就可对其进行帮助。

6.2.6 生态公益林综合应用管理功能设计

公益林综合应用管理功能包括通知公告功能、政策法规功能、资料下载功能等相关辅助生态公益林信息管理系统的功能。

（1）通知公告

通知公告功能包括新闻中心和通知公告两个子功能模块，主要应用于林业上级部门包括省林业局、市林业局以及区林业局在门户网站、OA 系统下发林业业务相关的通知公告，通过信息采集和系统集成技术实现一体化集成，用户也可在系统中自行发布通知，用户发布的通知和上级部门的通知文件集成一起显示，通过发布部门来区分。

（2）政策法规

政策法规功能将生态公益林管理相关的政策法规进行分类，包括林业法律、行政法规、和地方性政策三类法律法规文件，形成了目录层次清晰的文件制度专栏，并实现上传和下载功能。

政策法规文件按照权限分为无条件共享、条件共享和不予共享 3 种分类，建立数据共享机制。

（3）资料下载

资料下载功能将生态公益林管理相关的业务资料、表格和相关文件等进行分类，形成生态公益林文件下载专栏。

6.2.7 系统管理功能设计

系统管理功能主要包括用户管理、生态公益林资源管理、数据备份管理，从而确保系统的稳定运行。用户管理是对不同用户予以不同权限的授予。生态公益林资源管理是为了直观地反映公益林的现状，包括面积和分布等。数据备份管理是对不同时期发生的相关材料进行实时的备份，以便后期查询。

（1）用户管理

本模块用于对登录用户的信息进行管理，根据不同级别的用户设置不同的登录权限。模块功能主要分为用户信息管理、用户密码管理、角色信息管理、角色权限管理、登录日志管理。具体功能模块如图 6-6 所示。

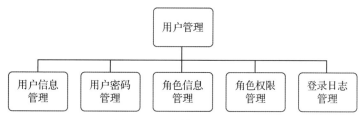

图 6-6　用户管理功能模块

此模块可以实现对用户信息的查看、修改、删除和添加的操作，方便管理者对工作人员信息的变动进行调整。

（2）生态公益林资源管理

生态公益林资源管理是对各级单位的生态公益林的面积规模总量的管理以及空间位置的管理。生态公益林的面积每年经过行政程序确定后，一般不会出现大的变动，但是由于森林资源和其产品是地方经济的一项构成要素，因此会出现申请公益林调整的情况，但是会保证总量资源尽量不减少的情况进行公益林的调整。公益林调整包括公益林调出、公益林调入等。

（3）数据备份管理

数据备份管理为生态公益林信息管理系统提供了数据安全的保障，包括个人信息备份理、界定书备份管理、档案资料备份管理、管护协议书备份管理、公益林专题图备份管理等，其方式分为人工备份和系统自动定时备份两种。

人工备份主要是用于目前各级单位留存的纸质文件，后期需要对此类文件进行扫描上传备份，手动操作的备份能够针对具体的时间点和具体的工程进行数据资源的备份，具有较强的针对性。如界定书的备份、档案资料的备份、管护协议书的备份等，都需要先整理前期的纸质档案，后期需要安排一定的工作人员手动操作进行人工备份，一旦备份将一劳永逸。

自动备份是指设定生态公益林信息管理系统的备份周期，系统会在每个备份周期的固定点在指定的目录下将备份数据存放其中。如个人信息的备份、公益林专题图的备份等。

6.2.8 数据共享与交换

系统总体结构按照"数据建设—资源管理—共享服务—支撑应用"的模式进行，通过对标准服务的请求和调用，完成公益林管理对相关共享数据的应用。

本项目的数据共享与交换需要参照《林业信息服务接口规范》（LY/T 2177—2013）进行设计。

（1）数据交换体系架构

生态公益林 WEB 服务基于 W3C 定义的 WEB 服务技术框架，应充分利用现有的网络技术标准或协议，建立在 HTTP、WSDL、SOAP 和 UDDI 等标准以及 XML 等技术之上，并要求使用标准的技术，包括服务描述，通讯协议以及数据格式等，使开发者能开发出平台独立、编程语言独立的 WEB 服务，以便充分利用现有的软硬件资源和人力资源。

数据共享是对后台的计算、存储、平台软件等各类资源进行封装，一般以网络方式，由软件通过接口提供特定的数据或功能，为相关公益林管理应用开发提供支撑；同时支持按林业管理职能设置安全策略、合法访问信息，并可根据应用需求的变化动态配置和调整资源，对服务操作有明确的定义及详细的请求/响应技术规定。

此系统信息 WEB 服务采用面向服务的体系结构，将各种异构林业信息系统应用集成起来，组成更大的分布式应用后通过服务接口的形式将整个应用支撑起来，如图 6-7、图 6-8。

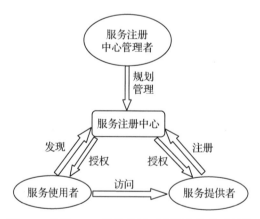

图 6-7　信息 WEB 服务采用面向服务的体系结构

公益林 WEB 服务体系结构从应用的角度看，涉及三个角色和六项活动，三个角色分别是服务提供者、服务使用者和服务注册中心管理者。六项活动包括规划、管理、注册、授权、发现和访问。

①角色。服务提供者、服务使用者和服务注册中心管理者，共同实现林业 WEB 服务

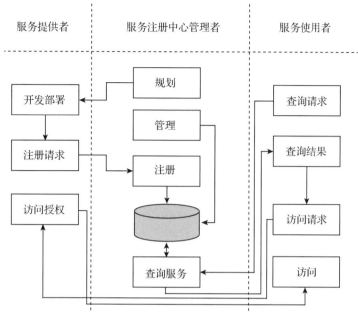

服务提供者   服务注册中心管理者   服务使用者

图 6-8　公益林 WEB 服务体系结构

的发布、注册、管理、查询和使用,三个角色职责分配如下:

服务提供者:负责本部门林业信息 WEB 服务的规划、调查、收集、整理。根据有关标准规范开发部署服务以实现特定功能。在服务器中心注册、授权,并负责及时更新和升级。

服务使用者:为实现持定的应用系统功能,在服务注册中心检索服务,在授权范围内使用 WEB 服务。

服务注册中心管理者:林业 WEB 服务的总体规划和服务注册中心的管理运行,进行服务标识符的管理和使用,负责服务注册和服务分类,提供服务资源搜索和定位服务。

②主要活动环节。

规划:服务注册中心管理者征集服务使用者的需求,制定本部门林业信息 WEB 服务的总体规,在运行过程中根据使用者的需求进行调整。

管理:服务注册中心管理者负责服务注册中心的运行、管理和维护,应建立相应的维护管理机制来确保服务注册中心的高可用性。

注册:服务提供者将服务元数据提交至服务注册中心。服务注册中心管理者对服务元数据进行审核校验,接受符合规范的服务进入服务注册中心。未通过审查的返回提供者修改,注册服务信息的更新维护由服务提供者负责,应确保信息的及时性。

授权:服务注册中心在建立、管理和运行中,应建立相应权限管理机制,以此对提供管理者和使用者的操作权限进行范围界定,保证服务注册中心和注册服务信息的安全性。

权限管理应满足多层次多用户多种权限结合方式,灵活配置调整权限。

发现:服务注册中心提供服务信息的分类导航、查询服务,服务使用者在分布的、异构环境中也能通过服务描述信息发现所需的服务资源。

访问:服务使用者从服务描述信息中获得服务的定位及访问信息,如:服务的网络地址、通信协议、消息格式等。通过手工或程序化方式构造服务访问请求,并连接服务地址，发送服务请求消息，以实现服务的绑定和互操作。

（2）数据交换服务命名规范

为避免不同服务提供者提供的 WEB 服务命名冲突，同时能表达"见名知义"效果，要求所有 WEB 服务按照规定规则命名，服务名不推荐中文命名，字符之间不应留有空格。

林业信息 WEB 服务对象名称格式：｛服务类别前缀_｝｛服务提供者前缀_｝｛服务发布时间前缀_｝<名称>，前缀均为可选。

本项目的服务主要采用林业专业数据服务，服务类别前缀名为 TD。

（3）服务设计

①集成地理空间框架数据服务设计。集成地理空间框架数据服务设计分类见表 6-1。

表 6-1　集成地理空间框架数据服务设计分类

一级分类	二级分类	前缀名
数据服务	公共基础数据服务	BD
	林业基础数据服务	FD
	林业专题数据服务	TD
	林业综合数据服务	CD
	林业信息产品服务	PD
	其他类数据服务	OD
应用服务	业务类应用服务	BA
	综合类应用服务	CA
	公用类应用服务	PA
	其他类应用服务	OA

基于地理空间框架的 JavaScript API 接口开发集成接口，系统能快速调用地理空间框架在线地理信息服务的通道，包括快速用矢量地图、影像地图，在坐标系一致的情况下，叠加公益林管理的相关空间数据进行应用。

系统设置地图框架接口，进行服务集成应用。该部分主要初始化地图的相关参数，如地图显示范围、最大显示比例尺、地图投影、地图显示单位等。主要包含如下接口。各个接口的作用见表 6-2。

表 6-2　各个接口的作用

接口名称	作用
OpenLayers. Bounds	创建一个指定了上、下、左、右四个边界参数的边界对象
OpenLayers. Map	创建一个 Map 对象，可以初始化或设置 Map 对象的范围、比例尺、分辨率、地图投影、显示单位、显示级别等
OpenLayers. Layer	创建一个 Layer 对象，可以初始化或设置 Layer 对象的各种属性值
OpenLayers. Layer addLayer ( ) ;	添加图层到视图区域中

②生态公益林数据共享服务。生态公益林数据共享接口包括资金补充数据接口、公益林管理数据接口等。

③护林员巡护管理系统数据交换接口。设置与护林员巡护管理系统数据交换接口，在本系统中能在线查询护林员信息和巡查信息，实现两个系统的互联互通。

接口的设计方法同"生态公益林数据共享服务"部分一致。

④生态公益林管理微信小程序数据交换接口。设置与生态公益林管理微信小程序数据交换接口，能将系统中的资金补偿数据主动推送到微信小程序中应用。

接口的设计方法同"生态公益林数据共享服务"部分一致。

公益林管理系统则通过数据接口和服务，直接调用林政部门的林地资源管理档案数据，从而完成公益林管理相关的功能开发和设计。

（4）服务调用

①调用协议。本项目采用使用 SOAP 协议进行服务调用，在服务提供者和服务使用者之间通过 SOAP 请求消息和 SOAP 响应消息实现 WEB 服务的调用。本项目的公益林 WEB 服务中，地理空间信息占相当比例，本项目采用 OGC 提供的 WFS、WCS 服务等，实现分布式异构空间数据的共享。

②交换格式。服务间数据交换的格式采用可扩展标记语言（XML）。

（5）服务安全

服务与系统通过服务接口相互调用时，要确保调用的安全、可信。WEB 服务接口须提供各安全方面的技术支持手段。具体要求如下：

①SSL：在系统应用之间传递机密数据时，须支持对数据进行加密；提供业内标准的 SS.v3，支持 HTTP 头加密标准、加密 cookies 和 HTTP 压缩。

②WS-Security：WEB 服务也必须在 Web 容器内得到安全保护。门户网站支持 WS-Security，加密关键的 WEB 服务头信息，以实现不可否认的服务请求。

服务的安全管理措施包括：

①监视 WEB 服务系统运行目录，定期审查日志文件，认证分析报告，及时掌握运行状况，对系统可能发生的故障做好应急预案。

②WEB 服务进行修改或增加时，须提出理由、方案、实施时间，报所注册的服务注册管理中心审批。修改后，须在测试环境上进行调试，确认无误后经批准方可投入生产应用。

③WEB 服务修改、升级前后的程序版本须备份，软件修改、升级时须有应急补救方案。

④参照国际安全标准 ISO/IEC 17799 来采购位息安全产品和服务，确保采用的安全产品符合中华人民共和国有关信息安全的法律和规范。

6.2.9 系统性能设计

（1）系统易用性

系统的易用性需求，考虑了一般林业工作人员并不具备计算机专业人员的操作水平，此系统在设计上具有良好的人机交互界面，能做到简单适用，在用户使用过程中能缩短用户对系统的熟悉过程，从而使用户能更快捷、方便地展开各项工作。

（2）系统可维护性和安全性

系统的可维护性和安全性，为了方便对系统的日常维护，系统提供了一些简单的手段供用户对重要的数据信息进行保存、备份和打印，从而使用户在系统意外崩溃的情况下能够对数据进行恢复处理。

系统设计方面会遵循有限授权原则、全面确认原则和安全跟踪原则，采用严密的安全体系，保证数据在处理和传输过程的安全性。

系统登录方面会由应用支撑平台提供全局统一的授权管理、用户身份管理及单点登录认证服务，规范各级用户的单点登录。

权限分配方面系统会具备用户权限分级控制功能，能够实现各级用户的逐级管理，灵活分配用户的角色及权限。能够实现功能分配和数据分配。

在连接设备安全性方面对系统会有严格的安全控制及管理体制，严密完善的数据传输保密机制。

在安全监管方面本系统会有记录详尽日志的功能，对每次非法操作产生记录，并根据具体的功能设置自动报警。

异常定位方面为系统管理员提供多种发现系统故障和非法登录的手段。

（3）系统可扩充性

本系统具有足够的扩展性、灵活性和适应性。

系统具有跨平台运行的能力，要具备能够与其他相关系统灵活对接，具有灵活方便的二次开发接口，基于组件的可定制服务，以确保系统的可灵活扩展性。

灵活性上体现在系统能够支持多级网上数据浏览、查询、统计、报表等林场资源以及综合数据服务。

除此之外，系统还具有良好的扩充性和适应性。本系统预留接口，能够支持标准XML、GML、WMS、WFS 等接口读取或获取信息的能力。

为了后续信息化的延展以及与现有信息化平台对接，系统在设计过程中预留了多个对接接口。

（4）用户友好型

该系统的用户是面向各级林业主管部门业务科室及基层林业工作人员，用户的计算机操作水平参差不齐，所以系统在设计时在保证业务流转严密性的同时，还考虑业务操作人员的技术水平，做到业务操作的简便性和习惯性，使系统易于上手。

为了应对特殊情况的需要，以及提高突发情况的处理能力，系统在设计操作上会做到无论怎样出错都能退回主界面，并且要有十步以上返回功能，保证系统能够正常运转。

因为使用人群的复杂性，在输入方式上也要兼顾考虑，系统在输入方式上会支持键盘输入方式与鼠标输入方式。

6.3　业务流程设计

（1）生态公益林效益补偿资金的总体业务流程

生态公益林效益补偿资金的总体业务流程如图6-9所示。

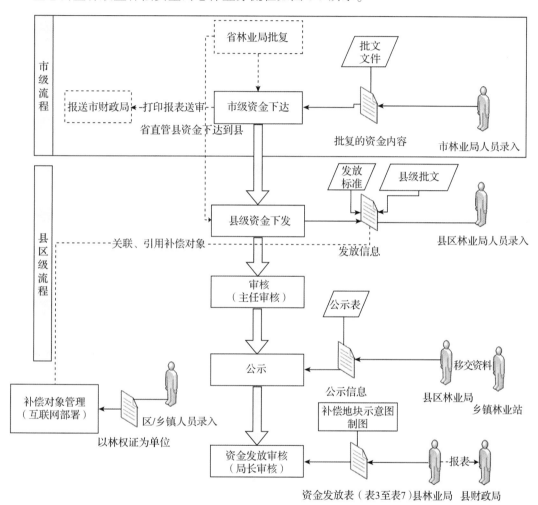

图6-9　生态公益林效益补偿资金的总体业务流程

（2）生态公益林调整业务流程

生态公益林调整业务流程图如图6-10所示。

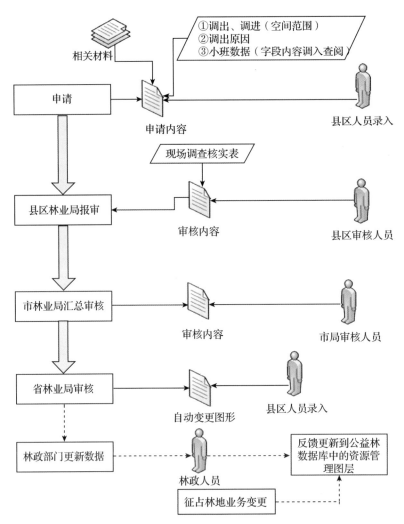

图 6-10 生态公益林调整业务流程图

7 界面UI设计

7.1 设计原则

建设生态公益林信息管理系统的目的是以计算机技术为依托，将地理信息系统（GIS）、数据库技术和网络技术相结合，建立基于 SuperMap+DM 结构的生态公益林业务管理信息系统，提供一个网络共享的、标准统一的、数据详实的基础平台，实现生态公益林规范化、标准化和信息化管理，为各级林业主管部门的宏观决策、规划设计等提供快速、准确的信息，全面提高生态公益林管理效率和综合管理水平。

界面是用户与系统之间的人机交互接口，清晰高效、美观友好的界面设计可以让系统变得有品味有个性，能够充分体现系统的特点和定位。基于林业行业的特殊性，在界面设计中，考虑基本的信息布局和点击页面信息跳转时，要时刻站在用户的角度和使用场景思考方案的可行性，且需遵循四点最核心的原则：清晰、高效、一致、美观。

（1）清晰

清晰就是让使用者一目了然的明白产品的使用功能性，准确使用产品。

（2）高效

高效就是从流程的顺畅性、智能化以及功能逻辑的优化上，让用户使用得更加轻松快捷，提高效率。

（3）一致

一致性使界面操作方式更符合直觉，使界面的整体设计效果相一致。

（4）美观

界面的美观能够让用户浏览的时候感觉赏心悦目。

7.2 产品定位

根据项目界面设计原则，通过前期调研了解系统应用方面的需求，给产品定位（图7-1），在确认没有问题之后落实 UI 设计的方案。

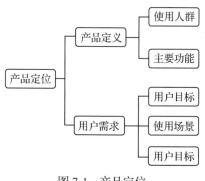

图 7-1 产品定位

7.3 总体方案

"扁平化"设计已成为主流发展趋势，它被应用在海报设计、标志设计、产品类设计、界面 APP 设计等众多设计中，同样也影响着大众的审美习惯。"扁平化"设计最核心的表现形式是以抽象、简化、符号化来体现。在界面设计中，简约抽象、单一色块、大字体等设计技巧，让界面干净整齐并使用起来更加高效，以及简单直接地将信息和事物的工作方式展示出来。

考虑到生态公益林信息管理系统的用户是林业工作者，基于林业行业的严谨性以及它的定位为功能性的管理网站，再结合 UI 设计的发展趋势，提出了基于扁平化艺术设计风格的 UI 设计方案。把内容放在第一位，采用简洁易懂易操作的设计方式。通过统一页面规范，制作更加符合使用人群的 OA 系统，无论是用色，还是界面元素与布局，都非常简洁大方，使颜色更加统一，字体更大适用范围更广，应用场景更多。简洁清爽的页面可以提高使用效率，更加容易找到所需选项，提高效率。

7.3.1 色彩的运用

在界面设计的过程中，主要以同色系的单色调为主，"单色调"仅用一个主色调，通过颜色透明度的不同来表达界面的层次。在进行界面"扁平化"设计过程中，不但能够利用多个单纯色彩进行组合，同时也能应用单一色彩进行排列，这样能够给软件提供更多的视觉主题，让整体操作界面具备统一的色调，不会看起来眼花缭乱，从而提升电脑界面的整洁性和简约性以及给用户提供良好的视觉感受。

对于生态公益林信息管理系统的界面设计，在色彩的搭配上，在绿色和蓝色之中选择了具有韵律动感的蓝色，蓝色是一个非常理性的颜色，能够给人们可以信任和严谨的感觉，同时也是一种体现科技信息现代化的颜色。很多科学技术类的网站多喜欢以蓝色调为主。整体界面设计采用蓝白搭配，蓝色和白色一直以来深受大众喜爱的色彩搭配，因为两种色彩搭配在一起会给人很干净清爽的感觉。功能区蓝色底搭配白色字体及白色扁平化简易图标，突出功能性，一目了然。

在蓝色的基础上搭配以绿色系、黄色系和红色系等辅助颜色，整体上丰富了画面的色彩，视觉上看起来不会单调，又没有凌乱的感觉。如图 7-2 所示。

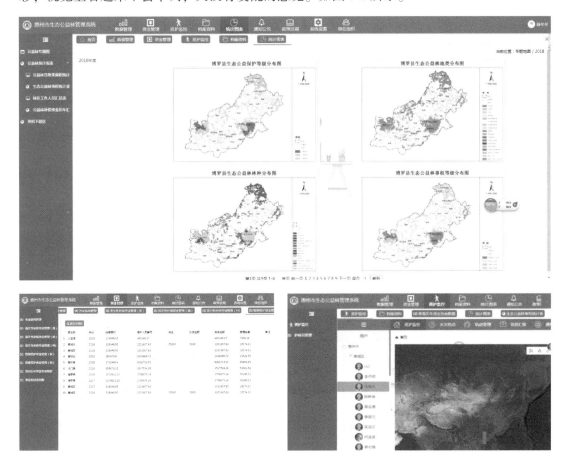

图 7-2　色彩搭配

7.3.2　字体的应用

在进行界面"扁平化"设计的过程中，各个视觉元素都需要具备鲜明的制约性和自然特性，其字体排版也需要和界面风格相统一，遵循简约化的设计理念。

字体在排版中担当着很重要的角色，它需要和其他元素相辅相成，且字体的大小和粗细都要和整体设计相匹配，通过简单明了的信息点击查询，可以给用户浏览界面提供便捷条件，让用户快速地察觉各个信息，从而提高用户操作的满意度。在字体应用过程中，粗字体会显得比较霸气，可以呈现一种力量美又不失稳重。

在系统的整个界面设计中选择同一种较粗的无衬线字体以及通过字体反白的方式呈现，既简洁又醒目且不会出现杂乱的感觉，界面中比较重要的字体也进行放大和加粗处理，以此实现突显文本效果。如图 7-3 所示。

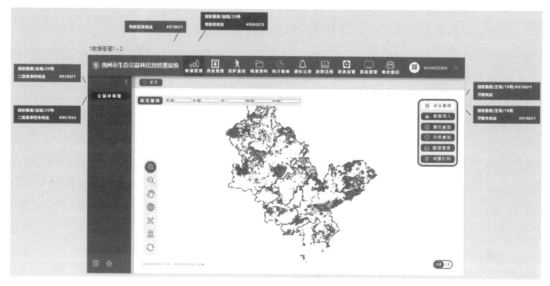

图 7-3　字体的应用

7.3.3　简约图标的设计

UI 图标的设计也要和界面风格保持统一，通过应用简约图标，让图标用"扁平化"的艺术方式表现，所有的设计元素都不加修饰——阴影、浮雕斜面、突起、渐变等使图标立体化的设计元素。简洁的平面设计搭配白色组成的符号标志，增强了主要视觉元素的支配性，让元素之间的层次关系更清晰。从立体到简约如图 7-4 所示。

图 7-4　图标的设计

弧线形是很容易让人感觉到舒服的形状，系统界面延续简约图标的扁平化风格，UI 设计采用比较柔和的弧线外形，用较粗的无衬线字体和简约图标组合，徒增活泼的界面气息。从颜色上来讲，都是采用白色蓝底，既遵循了现在流行趋势扁平化的设计趋势，又充分地体现了文字功能的表达内容，在美观时尚的视觉基础上又让使用者使用起来简单易懂。既保持了图标直观、直接、易用的原则又贴合网站的功能性，让使用者很快就能通过图标判断其作用，同时也让使用者快速准确地理解和进行产品的操作，也突出了网络端设计的功能性。如图 7-5 所示。

图 7-5　生态公益林信息管理系统图标设计

8 系统部署

8.1 系统软硬件配置清单

本项目建设拟利用林业专网现有的硬件设备和网络资源，不涉及服务器、设备购置和网络改造，以下对系统运行需要的服务器配置、设备和网络环境进行描述。

为保证数据库系统的安全、稳定、快速运行，在选择正确的技术路线的同时，需要选择合适的硬件设备，在满足良好的设备性能的同时，还需满足经济实用的原则。具体配置要求参见表 8-1、表 8-2、表 8-3。

表 8-1　数据库服务器性能要求（1 台）

类型	性能指标
CPU	CPU 主频≥2GHz
	缓存要求≥18MB
	CPU 数量≥2 颗
	CPU 数量 4 颗
内存要求	DDR3 内存
	内存容量≥32GB
内置硬盘	≥1T，10000 转 SCSI 硬盘，可支持集成 RAID1、RAID1 和 RAID5
	可支持集成 RAID1、RAID1 和 RAID5
接口卡要求	10/100/1000MB 以太网卡≥2 个
其他设备	DVD 驱动器

（续）

类型	性能指标
电源要求	提供冗余风扇、电源等
	支持热插拔
操作系统	Window 2008 Server
服务	至少 3 年质保

表 8-2　维护及前置显示设备性能要求（1 台）

类型	性能指标
双核处理器	主频≥2.0GHz
内存要求	当前配置内存≥1GB
内置硬盘	当前配置≥1 个 300GB
液晶显示	17 ″
接口卡要求	10/100/1000MB 以太网卡
其他设备	DVD 驱动器
操作系统	Window7
服务	至少 3 年质保

表 8-3　逻辑隔离设备（1 台）

类型	性能指标
最高吞吐量	≥450 Mbps
IPSec VPN	≥750
RAM	≥512M 内存≥64M
接口卡要求	自带 10/100M 端口≥1，10/100/1000M≥4
服务	至少 3 年质保

8.2　系统部署方案

8.2.1　系统部署规范

（1）应用系统的部署考虑因素

①应用系统资源使用状况。部署在同一层服务器上的组件可能以类似的方式使用系统资源，如内存、I/O 通道。例如，解决方案分别针对 Web 服务器和数据库服务器而各设置一层。Web 服务器使用大量的网络套接字和文件描述符，而数据库服务器使用大量的文件

I/O 带宽和磁盘空间。使用多层可以有针对性地优化服务器配置。

②运行要求。同层中的服务器通常具有共同的运行要求，如安全性、可伸缩性、可用性、可靠性和性能。例如，Web 级中的服务器通常配置成服务器场的形式，以实现可伸缩性和可靠性，而数据级中的服务器通常配置为具有高可用性的群集。

③设计约束。可以针对具有共同设计约束的服务器而专门设置一层。例如，组织的安全策略可能规定只有 Web 服务器可存在于广域网，与此相应，所有应用程序逻辑和数据库都必须驻留在局域网内部。

（2）Web 服务层部署

Web 服务层中的服务器负责提供 Web 支持（如 IIS、虚拟目录等）。

①硬件。Web 服务层中的计算机是服务器，其配置随着在客户端级中添加用户，直至解决方案的性能降低到可接受的参数以下，必须能在层中进行服务器负载平衡。

②软件。软件配置需要根据选择的应用服务程序的平台预装相应的服务器层操作系统和其必须的服务组件。

③安全性。此层的服务器一般放在局域网和广域网纽带点，其安全性要求比较高。

（3）应用服务层部署

应用服务层中的服务器负责运行应用程序的业务组件。

①硬件。应用服务层中的计算机是服务器，其配置必须能够协调应用程序服务器与应用组件资源要求所引起的冲突。

②软件。服务软件需要根据选择的应用服务程序的平台配置相应的服务器层操作系统和其必须的服务组件。

③安全性。此层的服务器一般放在局域网内，可以使用企业公共的安全基础结构来保证。

（4）数据层部署

数据层中的服务器驻留了解决方案所需要的数据库。

①硬件。数据级中的计算机具有一定的规模，并配置为企业服务器。已针对 I/O 吞吐量和硬盘使用情况对这些服务器进行优化。如果可伸缩性和容错等运行要求规定该级中应具有多个服务器，那么这些服务器几乎总是被配置为服务器群集。

②软件。数据级服务器驻留数据库管理系统，通常报告和数据分析软件也部署在这一级。为了从群集服务器环境获得最大的收益，要求对数据库软件进行专门的调整，以便在群集环境中使用。

③安全性。由于需要保护单位的数据资产，因此数据级通常具有所有级中最严格的安全要求。通常，只允许应用程序服务器和数据库管理员工作站访问这些服务器。

8.2.2　系统部署架构

根据以上综合分析，本应用系统的部署架构如图 8-1 所示。

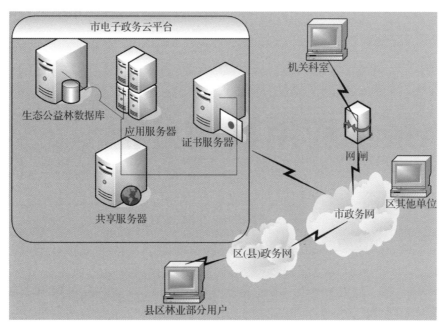

图 8-1　系统部署架构

9 系统应用案例分析

9.1 登录界面

以惠州市生态公益林信息管理系统为例，登陆界面如图 9-1 所示。

图 9-1　界面登录

系统用户有普通用户和管理员用户，目前默认图层权限范围为惠州市整个区域，登录
进入系统后，主界面分别如图 9-2、图 9-3 所示。

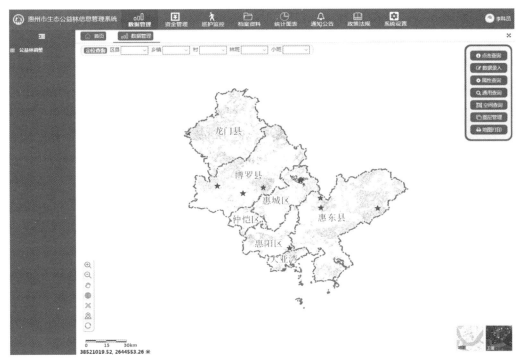

图 9-2　普通用户系统主界面

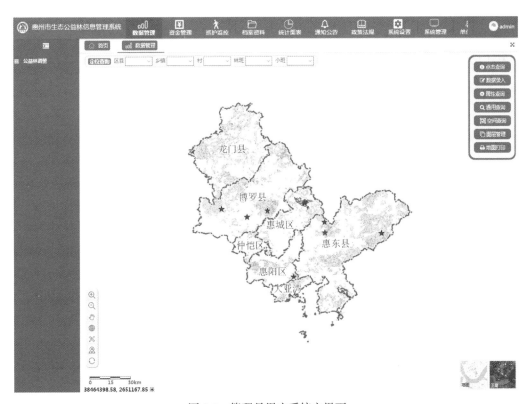

图 9-3　管理员用户系统主界面

9.2 界面介绍

以普通用户和管理员身份进入系统，系统界面分为功能模块、子功能菜单、地图显示主界面和登陆信息 4 个板块，如图 9-4 所示。

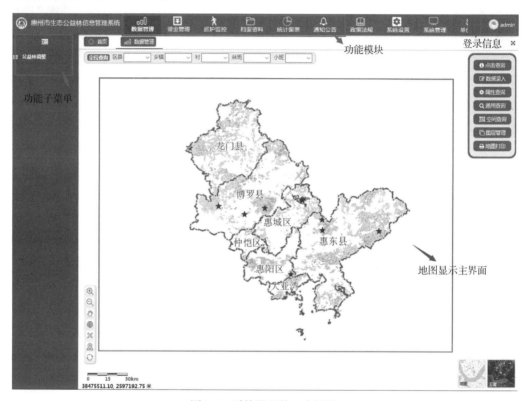

图 9-4 系统界面的 4 个板块

9.3 数据管理

从本节开始，将按照系统的 8 个功能模块分别介绍系统功能和操作方式。

登录系统后，系统默认进入【数据管理】模块，该模块用于生态公益林的地图展示和图形数据的查询和管理，可进行地图空间查询和分析、对小班进行精准的空间或属性的定位查询、展示公益林专题图层并支持打印输出、切换显示惠州市高清正射影像图等操作，功能模块界面如图 9-5。

9.3.1 定位查询功能

在地图主界面左上方是地图【定位查询】功能，可实现区县、乡镇、村、林班、小班五个字段数据的联动查询，逐级选择区域以定位到具体的林班或小班，如图 9-6。

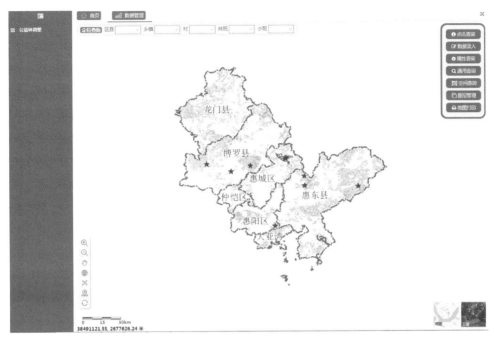

图 9-5　功能模块界面

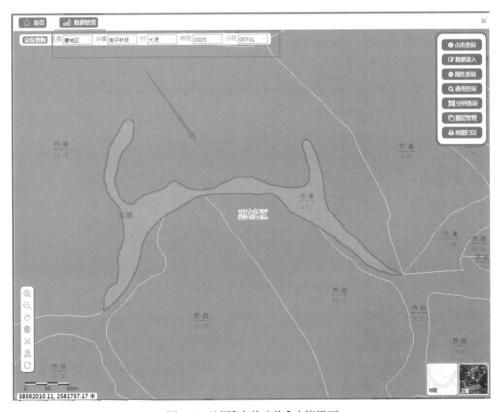

图 9-6　地图【定位查询】功能界面

　　地图主界面左下方为基础地图操作工具条，其中，点击【放大】按钮，在地图上框选可放大框选范围地图，点击【缩小】按钮，在地图上框选可缩小框选范围地图，点击【平移】按钮，可在地图上拖动"小手"图标以移动地图，点击【全图范围显示】按钮，地图可回复显示惠州市的全图范围，点击【测量工具】按钮，在地图上点击测量范围（选择完后双击确定），可测量地图的面积、长度和坐标位置，点击【坐标定位】按钮可弹出定位查询框，输入 X 坐标和 Y 坐标，再点击定位即可定位到该坐标的位置，点击【清除】按钮可在执行其他任何功能时退出对应的功能，如图 9-7。

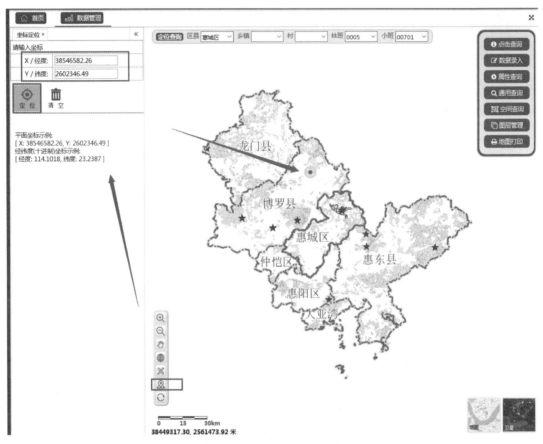

图 9-7　基础地图操作界面

　　地图主界面的右上方为公益林图层管理与查询功能菜单栏，其中，点击【点击查询】按钮，在地图上点击一个小班图形，即可弹出该小班的属性框，默认查看公益林界定书图层的属性框，在查询结果界面左边选择公益林现状图层并双击，可弹出公益林小班图斑属性信息框，分【公益林基本信息】、【界定书】、【管护协议】三个 TAB 页面，界面如图 9-8。

　　切换 TAB 页面可分别查看所查询小班的基本信息（图 9-9）、界定书信息（图 9-10），在界定书信息 TAB 页面下可点击【查看界定书】按钮，弹出界定书电子件查看页面（图 9-11），资金发放信息（图 9-12）和管护协议（图 9-13），支持预览和下载；在管护协议 TAB 页面可点击 PDF 图标，查看管护协议电子件（图 9-14）。

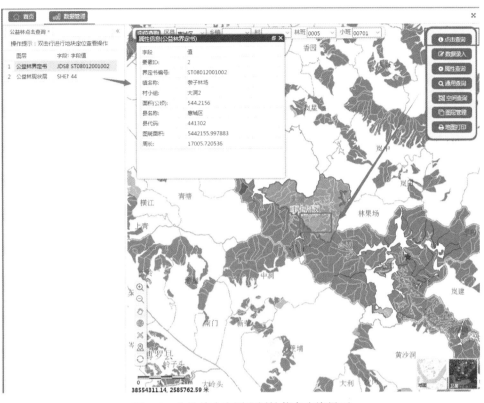

图 9-8 公益林小班图斑属性信息查询界面

图 9-9 小班基本信息查询页面

图 9-10　小班界定书信息页面

图 9-11　界定书电子件查看页面

图 9-12　资金发放信息页面

图 9-13　管护协议页面

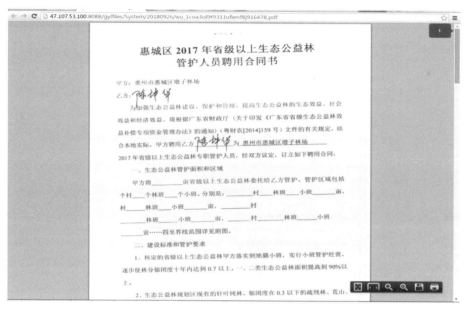

图 9-14　管护协议电子件弹出页面

9.3.2　数据录入功能

点击【数据录入】按钮，在地图上点击一个小班图形，即可弹出该小班的属性框，界面在图 9-9 界面的基础上，新增"保存数据"按钮，以支持数据录入和更新功能；点击【属性查询】按钮，弹出属性查询界面(图 9-15)。

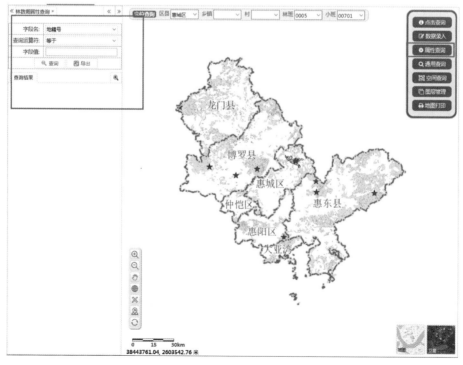

图 9-15　属性查询界面页面

选择查询的字段和运算符后，点击【查询】按钮即可查询出涉及的小班图形，点击【导出】按钮，可导出查询所得小班的属性表(图9-16)。

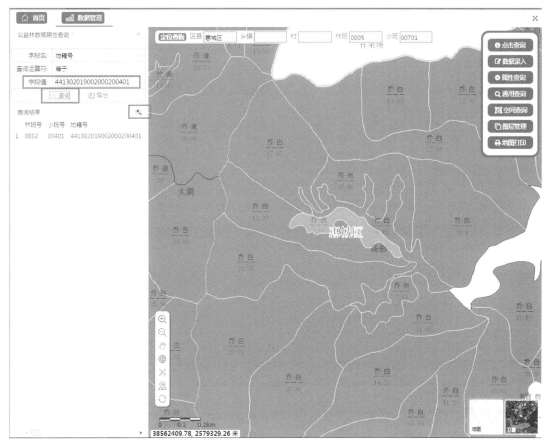

图 9-16 查询目标小班属性表界面

9.3.3 通用查询功能

点击【通用查询】按钮，弹出查询框，选择需查询的图层，如图9-17。

输入关键字后，点击【查询】按钮，即可弹出查询结果，地图界面自动选择所查询的图斑，如图9-18。

9.3.4 空间查询功能

点击【空间查询】按钮，弹出查询框(图9-19)，再点击【导入图形】，选择Shp.图形后并导入后，即可在地图上显示导入的图形红线，可查看到该图形所覆盖的小班(如图9-20)。

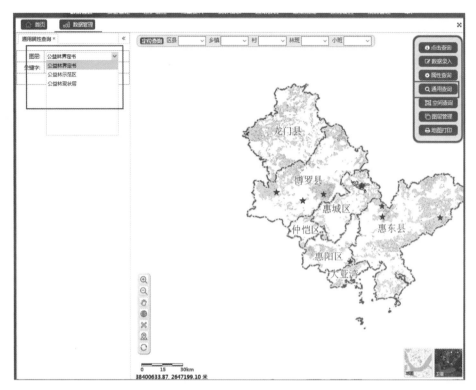

图 9-17　通用查询界面

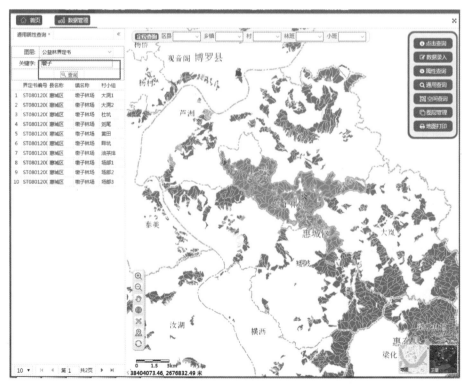

图 9-18　通用查询操作界面

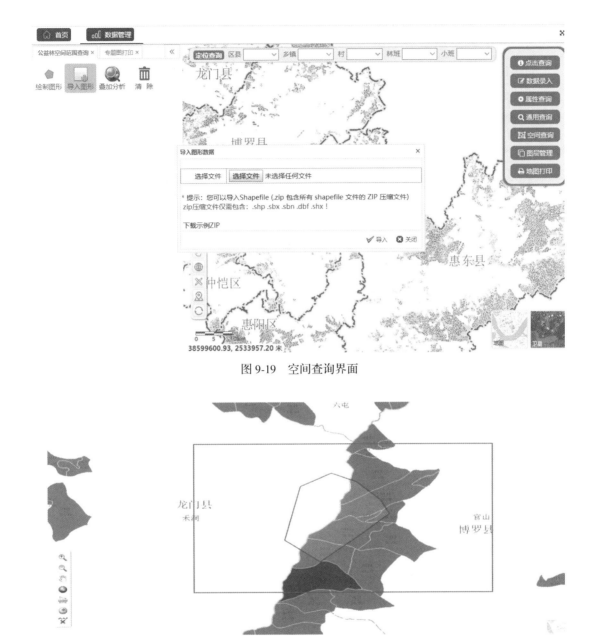

图 9-19　空间查询界面

图 9-20　空间查询结果示例

9.3.5　图层管理功能

点击【图层管理】按钮，地图主界面左上方弹出图层目录树，包括 3 个图层组，分别为【惠州市行政区】(包括"村级行政区划图""乡镇行政区划图""县区行政区划图"3 个图层)、【生态公益林管理】(包括"公益林界定书""公益林示范区""公益林现状层""公益林临时层""公益林历史层""2018 年森林资源图层"6 个图层) 和【公益林专题图】，勾选每个图层前的选择框即可显示对应图层的空间数据。

9.3.6 地图打印功能

点击【地图打印】按钮，地图主界面左上方弹出专题图打印选项框，选择打印范围和专题图打印的类型，即可输出对应专题图(图 9-21)。

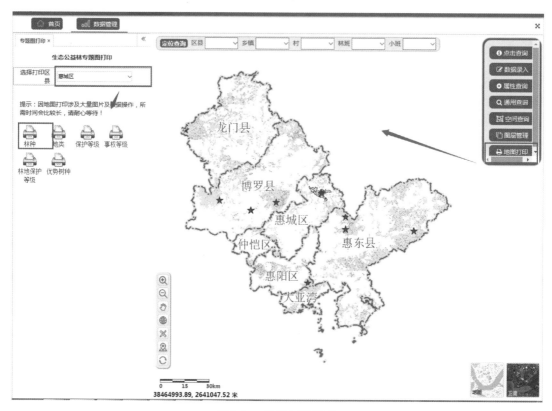

图 9-21　地图打印界面

9.3.7 公益林调整功能

对于该功能模块子功能菜单的【公益林调整】功能，是用于公益林小班调整变更而设计的 OA 业务流程功能，主要为县级林业局申请调整小班图形所用。公益林调整流程的节点如图 9-22。流程说明：在需要调整公益林的镇级人员向县递交小班调整申请书(或省厅发文下达给县级公益林小班调整文书)后，县级林业局业务相关人员登陆系统发起该业务流程，进入【开始】节点，填写调整申请信息并上传相关附件，并在 C/S 端系统中，将该批申请的小班复制进入临时层，并生成【批次号】，填写在表单中，完善表单填写信息后，点击【发起流程】，发送流程节点至下一个，发送时系统自动识别所填写的【调整类型】字段：如果是"征占用林地"，即该业务为省厅发文下达给县级调整文书以调整公益林小班，则该流程不需要经过县、市、省的审核节点，直接发送至县林业局落实节点，相关落实人员进入系统查看到该流程，复制【批次号】，在 C/S 系统种根据该【批次号】查询到该业务需调整的小班图形，再使用系统的"调进"或"调出"相关功能实现公益林小班在图层之间的位置转换；如果该业务不是"征占用林地"的调整类型，即在【开始】节点发送出后，依次进入【县林业局审核】、【市林业局审核】、【省林业局批复】和【县林业局落实】等节点。流程各节点简要说明如图 9-22。

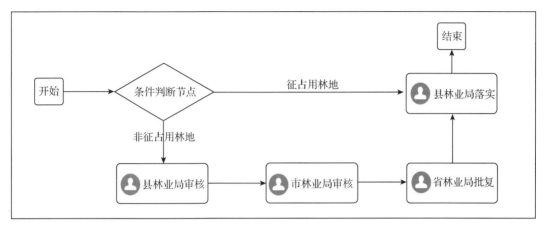

图 9-22　公益林小班调整变更流程示意

点击【公益林调整】即进入公益林调整业务申请模块，业务下分为【待办任务】、【已办任务】、【我的草稿】和【我的流程】四种工作任务板块，选择业务类型后，在界面上方输入关键字可实现简单的业务查询功能。任务详细信息界面正上方是搜索查询框，可选择任务发起日期并输入其他业务信息，对指定的业务流程进行定位查询，查询到指定业务后，可点击界面右上角任务操作选项框里的查看按钮，查看该业务的详细信息，如图 9-23。

图 9-23　公益林调整业务申请模块界面

点击【发起流程】按钮，选择【公益林调整】后，进入业务申请流程的第一个节点（图 9-24、图 9-25）。

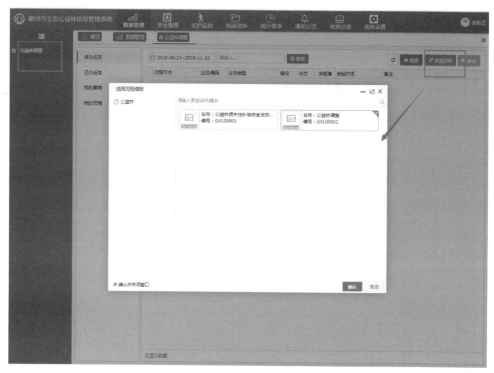

图 9-24　公益林调整业务申请模块的第一节点示例操作图一

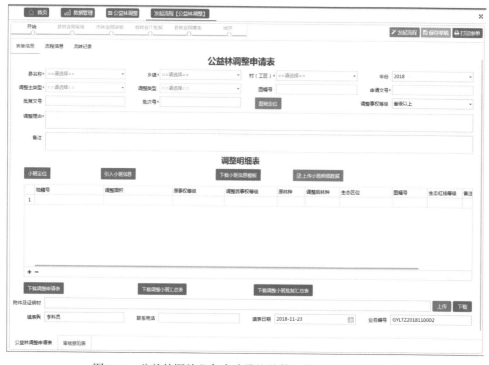

图 9-25　公益林调整业务申请模块的第一节点示例操作图二

填写表单信息后，申请人员在 C/S 端系统中，将该批申请的小班进行初步处理(查询、图形切割等)复制进入临时层，并生成【批次号】，将该"批次号"填写在系统的申请表单中，完善表单填写信息后，点击【发起流程】，选择审核人员点击【确定】后，即可进入下一流程节点(县林业局审核)。县林业局审核人员登陆系统便可在【待办任务】处查看到该业务件，选中后点击【审核流程】按钮即可查看并审核该业务，系统控制对于审核人员不可再编辑公益林调整申请表的内容，只可在审核意见表里的指定文本框中填写审核意见(根据调研需求知，公益林调整县林业局审核节点不用填写意见)，再将流程发送至下一节点(市林业局审核)，如图 9-26。

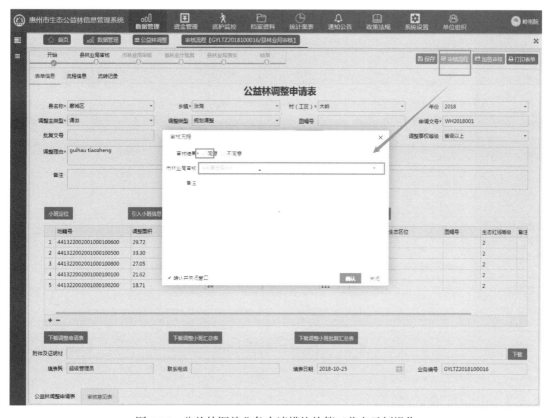

图 9-26 公益林调整业务申请模块的第二节点示例操作

如此业务将按照系统设计的流程顺序往下推进，市林业局审核人员登陆系统后，操作方法与上相同，进入该表单在审核意见表中的"市林业局主管部门审核意见"处填写审核意见，确认后点击【审核流程】按钮，同样将业务件送往下一节点处理；直至县林业局落实节点，由落实人员根据申请小班调整的信息，在 C/S 端系统将该业务申请调整的公益林小班从公益林临时图层中复制到公益林现状图层，完成公益林小班的调整操作后该业务流程结束。

9.4 资金管理

在【资金管理】功能模块下，包括【资金标准管理】、【损失性补偿资金管理(县)】、【损失性补偿资金管理(镇)】、【损失性补偿资金管理(村)】、【管理管护资金管理(县)】、【管理管护资金管理(镇)】和【历史数据查看】等子功能模块。针对每一子功能模块，都包含"新增""编辑""浏览"和"删除"四种表单功能按钮，如图9-27。

图 9-27 【资金管理】功能模块界面

9.4.1 资金标准管理

操作用户：市林业局业务人员。

功能描述：对当年度的资金发放总额、总补偿标准、损失性补偿金标准(不同事权等级)和管护标准(不同事权等级)、损失性补偿资金比例、管护人员费用比例、各行政级别所发的管理费比例等信息进行填写，系统将根据填写的该批次的补偿资金下发标准和各类比例，计算县镇村各级的资金下发金额。

操作步骤：点击资金管理模块后，点击【资金标准管理】，进入界面，如图9-28。

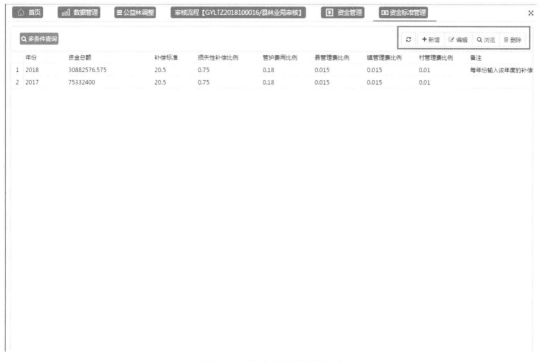

图 9-28　资金标准管理界面

该栏主界面可查看补偿标准详细信息，点击右上角的操作工具栏内按钮可对补偿标准进行刷新、新增、编辑、浏览和删除。点击新增，如图 9-29。

图 9-29　资金标准管理之补偿标准设置操作示例

输入字段信息后，点击确认即可新增一条补偿标准。选中某条标准，点击编辑或删除可进行相关处理。

有关金额和标准的录入必须为数字，否则系统会报错。

9.4.2 损失性补偿资金管理(县)

操作用户：市林业局业务人员。

功能描述：对惠州市内各县区当年度应发放的损失性补偿金进行录入和管理，其中经营总面积是从生态公益林图层中的林班面积计算而来，国家级、省级和市级经营面积是根据事权等级从生态公益林图层中的林班面积计算而来。补充总面积根据经营总面积核减上一年度调出公益林面积并累计上年度调入公益林面积计算而来。应发金额＝国家级补偿面积×国家级公益林补偿标准+省级补偿面积×省级公益林补偿标准+市级补偿面积×市级公益林补偿标准。实发金额＝应发金额−扣发金额。

操作步骤：点击资金管理模块后，点击【损失性补偿资金管理(县)】，进入界面，如图9-30。

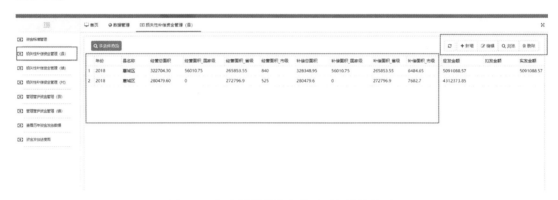

图9-30 损失性补偿资金管理(县)操作界面

该栏主界面可查看补偿资金详细信息，点击右上角的操作工具栏内按钮可对对应记录进行刷新、新增、编辑、浏览和删除。点击新增，如图9-31。

图9-31 损失性补偿资金管理(县)操作示例

进入表单后，手动选择【县名称】和【年份】值后，点击【自动计算】按钮，表单中将自动计算出该县区范围下的公益林经营面积、补偿面积和应发金额（补偿金额），用户可根据实际需要，修改字段数值，如有必要再填写【扣发金额】字段，再点击【调整再计算】按钮，可计算出调整后的数值结果；点击【制作乡镇资金分配表】按钮，可导出该县区所辖镇的资金发放分配表。点击【确认】按钮可保存该条资金发放数据。

9.4.3　损失性补偿资金管理（镇）

操作用户：县区林业局业务人员。

功能描述：对本县区的乡镇（街道）当年度应发放的损失性补偿金进行录入和管理，其中经营总面积是从生态公益林图层中的林班面积计算而来，国家级、省级和市级经营面积是根据事权等级从生态公益林图层中的林班面积计算而来。补充总面积根据经营总面积核减上一年度调出公益林面积并累计上年度调入公益林面积计算而来。应发金额=国家级补偿面积×国家级公益林补偿标准+省级补偿面积×省级公益林补偿标准+市级补偿面积×市级公益林补偿标准。实发金额=应发金额-扣发金额。

操作步骤：点击资金管理模块后，点击"损失性补偿金（镇）管理"，进入界面，如图9-32。

图9-32　损失性补偿资金管理（镇）界面

该栏主界面可查看补偿金详细信息，点击右上角的操作工具栏内按钮可对补偿金进行刷新、新增、编辑和删除。点击新增，如图9-33。

9.4.4　损失性补偿资金管理（村）

操作用户：镇林业站业务人员。

功能描述：对该镇所辖村当年度应发放的损失性补偿资金及村级管理费用进行录入和管理，由村级人员录好补偿对象表和存款人清单表并导入系统后，系统自动汇总计算录入的补偿面积，并根据录入的补偿标准计算补偿金额，管理费用则根据该年度录入的比例计算生成。该业务流程涉及节点如图9-34。

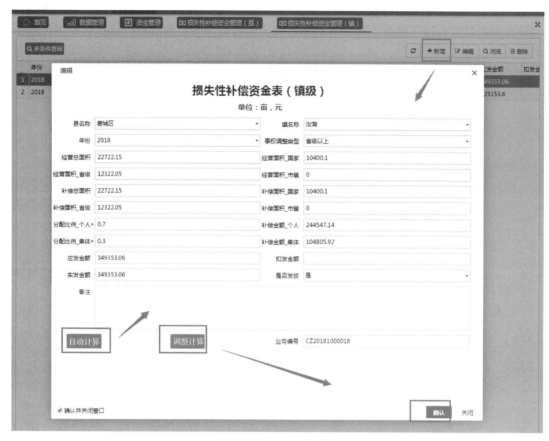

图 9-33　损失性补偿资金管理(镇)操作示例

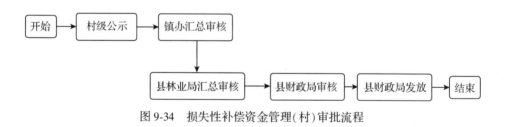

图 9-34　损失性补偿资金管理(村)审批流程

操作步骤：点击资金管理模块后，点击【损失性补偿资金管理(村)】进入界面，如图 9-35。

系统进入村级补偿资金发放业务流程的第一个节点，选择县镇村、填写"分配比例_个人"和"分配比例_集体"字段后，点击"导入补偿对象明细数据"按钮，导入填写好的补偿对象信息表，再点击"补偿对象汇总计算"按钮，可计算出对象子表里的补偿金额值和主表里的各字段的汇总值；选择"单股额计算方式"后，点击"导入存款人清单"按钮，导入存款人信息，再点击"存款人清单表数据计算"按钮，计算出每个人根据所持股份数而应得的补偿金额。并可以将计算好补偿金额的两个表导出数据，如图 9-36。

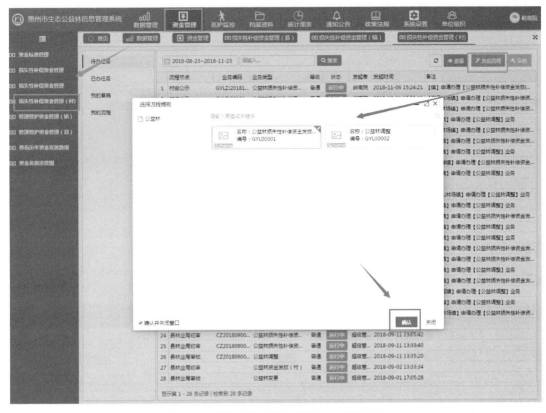

图 9-35　损失性补偿资金管理(村)操作界面

图 9-36　损失性补偿资金管理(村)之第一节点操作示例

表单信息填写完整后，点击发起流程，弹出流程发起信息框，选择业务重要程度、下一流程节点人，填写备注后，点击确定即可发送该流程只下一节点，如图9-37。

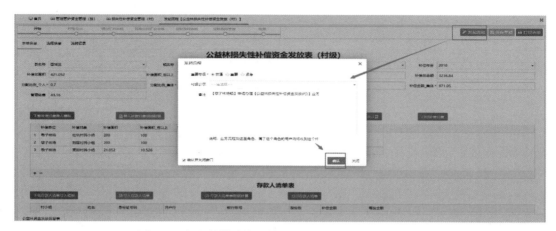

图 9-37　损失性补偿资金管理(村)之第二节点操作示例

该流程审核用户登陆系统后，在我的工作台下，展开待办任务工作栏，选择某条待办任务，点击界面右上角审核按钮，即可进入业务审核界面，如图 9-38。

图 9-38　损失性补偿资金管理(村)之业务审批界面

审核人员核实业务填写情况后，点击右上角审核流程按钮，弹出审核信息框，选择审核结果，选择下一流程发送人，填写必要备注后，点击确定，即可发送业务至下一流程节点，如图 9-39。

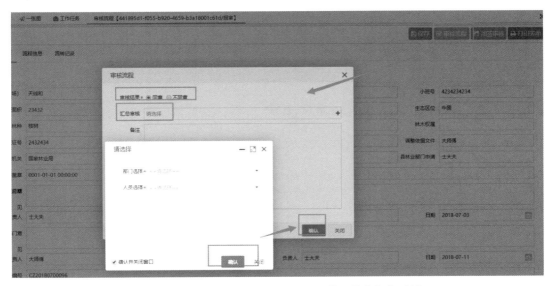

图 9-39 损失性补偿资金管理(村)之第三节点操作示例

9.4.5 管理管护资金管理(县)

操作用户：市区林业局业务人员。

功能描述：对本市各县区当年度应发放的管护资金进行录入和管理，管护经费=本年度管护标准×经营面积(管护面积)，管理费用则根据补偿标准管理表中录入的管理费用比例自动计算生成。

操作步骤：点击资金管理模块后，点击【管理管护资金管理(县)】，进入界面，如图 9-40。

图 9-40 管理管护资金管理(县)界面

该栏主界面可查看管护资金详细信息，点击右上角的操作工具栏内按钮可对管护资金业务进行刷新、新增、编辑和删除。点击新增，如图9-41。

图9-41　管理管护资金管理(县)操作示例图

9.4.6　管理管护资金管理(镇)

操作用户：县区林业局业务人员。

功能描述：对本县区内各乡镇(街道)当年度应发放的管护资金进行录入和管理，管护经费=本年度管护标准×经营面积(管护面积)，管理费用则根据补偿标准管理表中录入的管理费用比例自动计算生成。

操作步骤：点击资金管理模块后，点击【管理管护资金管理(镇)】，进入界面，如图9-42。

该栏主界面可查看管护资金详细信息，点击右上角的操作工具栏内按钮可对管护资金业务进行刷新、新增、编辑和删除。点击新增，如图9-43。

图 9-42　管理管护资金管理(镇)界面

图 9-43　管理管护资金管理(镇)操作示例

9.4.7　查看历年资金发放数据

【查看历年资金发放数据】子功能模块用于展示各年度公益林补偿资金发放到个人(或集体)的明细数据(发放信息具体到每个村小组的每个人,包括【县】【镇】【村】【村小组】【姓名】【身份证号】【开户行】【银行账号】【金额】等字段)。系统提供县区、年份、资金批次和资金下发文号的查询条件选项,点击【查询】按钮即可展示出资金发放明细数据,点击

"导出 EXCEL"按钮，可将查询结果导出，如图 9-44。

图 9-44　查看历年资金发放数据子功能模块查询结果示例

9.4.8　资金发放进度

可查看各镇的补偿资金发放进度，点击"+"号可展开各镇所辖各村的资金发放情况，如图 9-45。

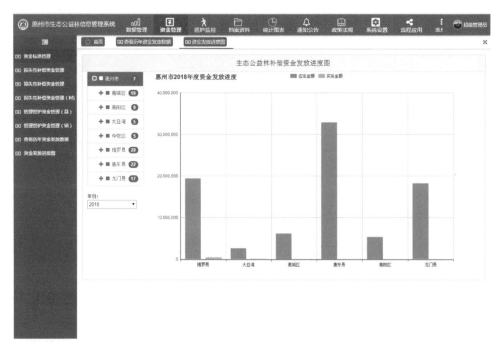

图 9-45　资金发放进度

9.5 巡护监控

9.5.1 巡护监控功能

【巡护监控】功能模块包括"巡护监控""火灾热点""轨迹管理""信息汇报""通知公告""人员管理"和"系统管理"等功能，如图9-46。

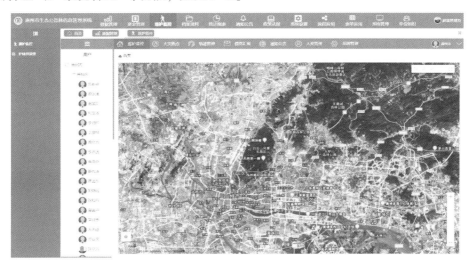

图 9-46 巡护监控功能模块界面

（1）首页

系统的首页主要提供行政区展示和地图的一些基本操作功能，如图9-47。

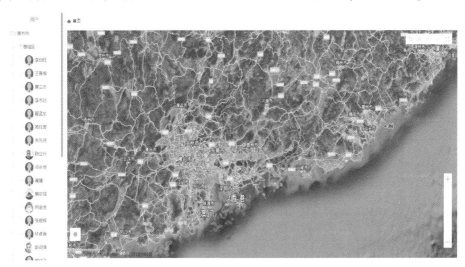

图 9-47 巡护监控功能模块之基本操作界面

行政区展示：在首页左侧的行政区列表中，展示了当前登录用户所管辖的行政区。单击行政区，地图上即可定位至该行政区。

护林员展示：点击左侧的县级行政区，会显示当前行政区的护林员，在线护林员会以红色字体标识。

地图操作功能：

放大缩小：滚动滚轮或通过 [| ———————— +] 工具实现。

点击 🛰️：实现地图视图和卫星视图的切换。

点击 🔥：实现是否在地图上显示火灾热点

点击 📏：可在地图上进行距离的测量。

点击 🗄️：实现是否在地图上显示基础数据(包括航天灭火蓄水池、森林防火指挥部、林区危险及重要设施、森林防火设备设施、防火林带、林火远程监控点、半专业森林消防队、防火线、瞭望台、森林防火办公室、专业森林消防队、飞机吊桶取水点、无线电台站、卫星地面站、乡镇扑火应急队、森林防火物资储备库、大型警示牌、气象预警监测点等)。

点击 ⛶：可将当前地图全屏显示。

（2）火灾热点

用户可以选择以列表模式和地图模式显示其范围内的火灾热点。在列表模式下，可以点击它的编号或点击"查看"单独在地图上显示一个热点，如图9-48。

🏠 首页 › 火灾热点

| 2016-01-01 | 至 | 2016-12-11 | 查询 | 🌐 地图模式显示 |

状态	编号	类型	林火类型	发生地点	林火监测值班员	经度	纬度	时间	操作
未处理	Num2	其它		青秀区	11111	108.264214	22.79617	2016-11-11 13:45:50	查看

可点击

图 9-48　火灾热点查看示例

也可以点击 🌐 地图模式显示 在地图上显示全部的热点。热点在地图显示后，点击热点标识可以查看基本信息，也可以点击"查看详情"查看更多内容，如图9-49。

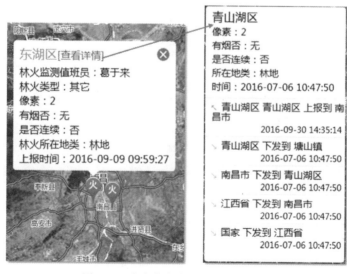

图 9-49　火灾热点查看详情操作示例

（3）通知公告

通知公告是管理员在有重要通知时，可在此模块进行发布和管理。此模块包括发布通知公告、我收到的、我发送的三个子功能。

①发布通知公告。进入【发布通知公告】页面，可以选择发布范围、标题和内容进行通知公告的发布。发布范围根据管理员的权限对应调整，如图9-50。

图 9-50　发布通知公告界面

②个人发布。可查看个人所发布的所有通知公告内容。并可以进行查看详情和删除操作，如图9-51。

发布者	标题	内容	时间	操作
青秀区	明天下雨	明天下雨	2016年11月24 12:50	查看　删除
青秀区	明天休息	明天休息	2016年11月11 13:46	查看　删除

图 9-51　个人发布通知公告内容查看界面

③个人收到。可查看所有个人接收到的通知公告信息，点击操作栏的【查看】可显示通知公告的详细内容，如图9-52。

图 9-52　个人收到通知公告内容查看界面

（4）人员管理

此模块是对人员的查看、修改、删除和添加的操作，方便管理者对工作人员信息的变动进行调整，如图 9-53。

图 9-53　人员管理界面

①添加用户。点击 [添加用户] 添加用户时。

②查看详情。点击人员管理列表操作栏中的【查看】可以查看该人员的详细信息。

③修改人员信息。点击人员管理列表操作栏中的【修改】可以修改人员的基本信息。

④删除人员。点击人员管理列表操作栏中的【删除】可以删除用户。

（5）系统管理

此模块主要提供给管理员用户进行管护区和基础数据的管理。

①管护区管理。此模块主要供县级管理员进行管护区的管理，如图 9-54。

♠ 首页 > 管护区

添加管护区	浏览...	导入管护区	浏览...	导入巡护点		

序号	管护区名称	部门	行政区代码	操作			
675	新竹街道办事处管护区	青秀区	450103001	查看	修改	设置巡逻点	删除
679	中山街道办事处管护区	青秀区	450103002	查看	修改	设置巡逻点	删除
680	建政街道办事处管护区	青秀区	450103003	查看	修改	设置巡逻点	删除
681	南湖街道办事处管护区	青秀区	450103004	查看	修改	设置巡逻点	删除
685	津头街道办事处管护区	青秀区	450103005	查看	修改	设置巡逻点	删除
686	仙葫经济开发区管理委员会管护区	青秀区	450103006	查看	修改	设置巡逻点	删除

图 9-54 县级管理员操作界面

添加管护区。点击 添加管护区 添加管护区时，需要管理员根据实际情况进行手动勾绘范围。按填写需求填写管护区名称，选择所属机构，然后在地图上进行勾绘，单击鼠标右键结束绘制，如图 9-55。

图 9-55 管护区实时勾绘操作示例

查看管护区。点击管护区列表操作栏中的【查看】可以查看该管护区的详细信息

修改管护区。点击管护区列表操作栏中的【修改】可以修改管护区的基本信息。还可以拖动管护区节点改变管护区区域。

设置巡逻点。点击管护区列表操作栏中的【设置巡逻点】可以在当前管护区内添加巡逻重点 和非巡逻重点 。

添加巡逻点时，选中对应的巡逻点工具，在地图上点击即可添加，在同样的位置再次单击即可取消。也可以通过删除工具 将所有添加的巡逻点全部删除。

删除。点击管护区列表操作栏中的【删除】可以删除该管护区。

②基础数据管理。此模块主要提供管理员进行本辖区内所有基础数据的管理，如图9-56。

图 9-56　基础数据管理模块页面

添加基础数据。在添加页面填入基本信息后提交保存即可成功添加。

查询基础数据。可根据数据类型机名称搜索对应的基础数据信息。

删除。点击基础数据列表操作栏中的【删除】可以删除基础数据。

（6）轨迹管理

此模块主要供管理员查看护林员的巡护轨迹。

管理员可根据行政区、护林员和时间进行查询，系统将以列表的形式展示该地区、该时间段内护林员的巡护轨迹，选择需要查看的护林员的轨迹，点击"查看"，将可看到该用户当天上传的全部轨迹，点击某条轨迹名称，将在地图显示护林轨迹，如图 9-57。

图 9-57　轨迹管理查看页面

（7）信息汇报

此模块查看护林员上报的各类信息，选择一类信息，系统将该类信息内容以列表形式列出来。

点击用户可以查看用户信息，用户在操作一栏可看到该信息的评论数，并点击"查看"进入详情页面，如图9-58。

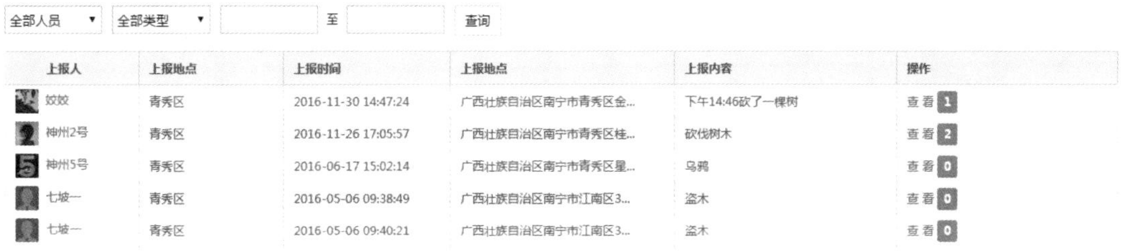

图 9-58　信息汇报查看页面

进入"查看"页面后，若需要进行评论，可以选择系统预设的评论内容进行评论，也可以自定义内容进行评论，如图9-59。

图 9-59　信息汇报之评价页面

（8）绩效管理

绩效管理模块主要提供给管理员进行多种方式的用户绩效考核功能。主要包括用户考勤、巡护绩效、考勤绩效、信息上报奖励绩效以及护林员绩效汇总。

①用户考勤。系统根据用户不同的使用习惯，提供了表格、折线图/柱状图、饼状图3种统计方式供管理员查看用户的出勤率（图9-60至图9-63）。

青秀区 ▼　2016-10　查询

部门	姓名	出勤	1	2	3	4	5	6	7	8	9	10	11	12	13	14	15	16	17	18	19	20	21	22	23	24	25	26	27	28	29	30	31
出勤率			0%	0%	0%	0%	0%	0%	0%	0%	0%	0%	0%	0%	0%	0%	0%	0%	0%	0%	0%	0%	0%	0%	0%	0%	0%	0%	0%	0%	0%	0%	0%
青秀区	神州5号	0	×	×	×	×	×	×	×	×	×	×	×	×	×	×	×	×	×	×	×	×	×	×	×	×	×	×	×	×	×	×	×
青秀区	采集	0	×	×	×	×	×	×	×	×	×	×	×	×	×	×	×	×	×	×	×	×	×	×	×	×	×	×	×	×	×	×	×
青秀区	小虫	0	×	×	×	×	×	×	×	×	×	×	×	×	×	×	×	×	×	×	×	×	×	×	×	×	×	×	×	×	×	×	×
青秀区	神州2号	0	×	×	×	×	×	×	×	×	×	×	×	×	×	×	×	×	×	×	×	×	×	×	×	×	×	×	×	×	×	×	×
青秀区	邓工-护林员	0	×	×	×	×	×	×	×	×	×	×	×	×	×	×	×	×	×	×	×	×	×	×	×	×	×	×	×	×	×	×	×
青秀区	Latu02	0	×	×	×	×	×	×	×	×	×	×	×	×	×	×	×	×	×	×	×	×	×	×	×	×	×	×	×	×	×	×	×
青秀区	雷设	0	×	×	×	×	×	×	×	×	×	×	×	×	×	×	×	×	×	×	×	×	×	×	×	×	×	×	×	×	×	×	×
青秀区	陆宏宙	0	×	×	×	×	×	×	×	×	×	×	×	×	×	×	×	×	×	×	×	×	×	×	×	×	×	×	×	×	×	×	×
青秀区	神州3号	0	×	×	×	×	×	×	×	×	×	×	×	×	×	×	×	×	×	×	×	×	×	×	×	×	×	×	×	×	×	×	×
青秀区	神州4号	0	×	×	×	×	×	×	×	×	×	×	×	×	×	×	×	×	×	×	×	×	×	×	×	×	×	×	×	×	×	×	×

图 9-60　用户考勤页面

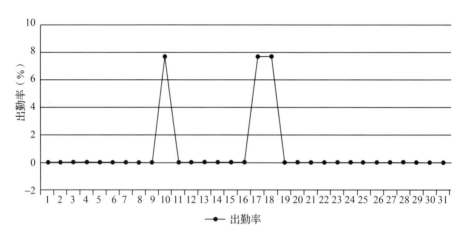

图 9-61　用户考勤之折线图（当月全部人员出勤率统计）

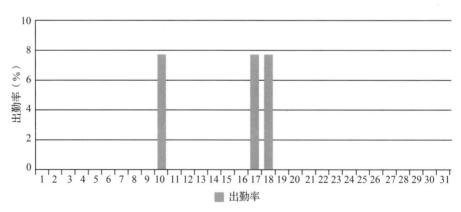

图 9-62　用户考勤之柱状图（当月全部人员出勤率统计）

出勤达标: 0.7%

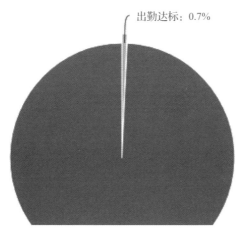

图 9-63 用户考勤之饼状图

②巡护绩效。此模块供管理员查看护林员的巡护记录详情及巡护绩效，管理员可根据行政区、护林员以及时间段进行查看。

③考勤绩效。此模块主要供管理员按行政区和时间段查看用户的详细考勤记录，主要包括所属部门、在岗天数、请假天数、旷工天数以及考勤分等信息。

④信息上报奖励绩效。此模块主要供管理员查看用户的信息上报统计结果，主要包括所属部门、人员、总上报数、本月上报数以及上报绩效占比等信息。

⑤护林员绩效汇总。此模块主要供管理员查看护林员每月每天的巡护绩效和考勤绩效汇总结果。

(9) 账户设置

在用户的账户头像，可以点击 ✓ 下拉内容，有如下几个功能，如图 9-64。

图 9-64 账户设置示例

首页：用户可点击将页面跳转至首页。

互动平台：用户可在此发送消息，与其他工作人员进行互动。

修改用户：用户可对自己的账户信息进行修改。

退出系统：退出至系统登录页面。

9.5.2 护林员 APP

护林员 APP(移动终端)功能主要包括信息汇报、火情上报、个人轨迹、请假申请、互动平台、一键求助等 17 大功能模块。

用户在移动终端输入账号和密码登录之后，显示界面如图 9-65。

点击 进入巡护状态，仅在巡护状态下，系统才会自动记录移动端的巡护轨迹，在巡护结束时轨迹会自动上传到后台管理端。

点击 或沿页面最左侧左右滑动就可以查看和隐藏这些功能模块以及用户信息。在功能区域上下滑动可查看更多的功能，如图 9-66。

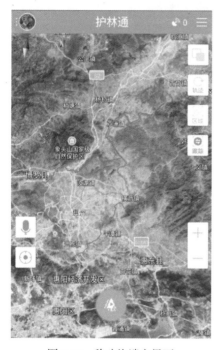

图 9-65　移动终端主界面　　　　图 9-66　移动终端的用户信息界面

（1）我的任务

主要展示登录用户接收到的任务下发消息，通过查看任务内容，知道该做什么。

（2）护林日志

主要提供新建日志和查看、评论其他用户日志的功能，日志内容包含时间、管护线路、描述信息，如图 9-67。

点击 新建 可以新建日志，起止时间为日历选择的方式，填写内容如图，完成之后点击 提交 即可，如图 9-68。

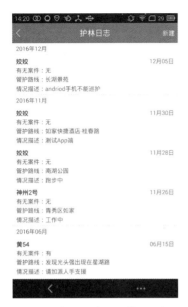 

图 9-67　移动终端的护林日志界面　　图 9-68　移动终端的护林日志操作界面

在这里可以查看其他护林工作者的日志，点击一篇日志可查看详情，如图 9-69。

点击快可以选择系统预设的句子（"做的不错，继续努力!"，"很好，加大救援力度!"）进行快捷评论。或者在文本框输入自定义评论，然后点击发送。

（3）信息汇报

点击主界面右上角的按钮，可进行各类信息的上报。主要以列表选择信息类型，包括森林火情火灾、护林日志、毁林案件、木材运输案件、林地案件、破坏林业设施、破坏新造林地、林业有害生物和野生动植物案件的汇报和查看，支持文字和图片描述，如图 9-70。

图 9-69　移动终端的护林日志详情查看界面　图 9-70　移动终端的信息汇报界面

在这里选择信息类型后，操作与上一个模块"护林日志"相同：可以查看其他工作人员上传的信息，并可对其做出评论，也可建立自己相应的信息汇报。不同的是，在查看汇报的信息时，出现  定位成功（点击查看位置）的地方（除了"护林日志"，其他 8 个类型的信息都含有），可以点击它查看信息点的位置在地图上全屏显示。

（4）森林火情火灾

火灾热点包括卫星热点及人为上报火灾两种，展示信息包括文字和图片。系统将不同的处理状态以不同的颜色条和文字表示，如图 9-71。

若要单独查看一个火情，出现界面如图 9-72。

出现 定位成功（点击查看位置）的地方，可以点击它查看信息点的位置在地图上全屏显示。

点击火点 可全屏查看该热点的位置，如图 9-73。

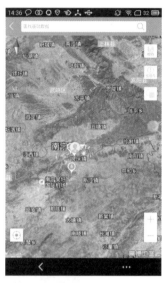

| 图 9-71 移动终端的森林火情火灾界面 | 图 9-72 移动终端的森林火情火灾详情查看界面 | 图 9-73 移动终端的森林火灾的位置定位查询界面 |

热点全屏显示后，系统将显示距离火点最近的护林员，并标出对应的距离。

为了提供森林防火的决策支持，点击 可以选择查看需要显示的基础数据（航空蓄水池、森林防火扑火应急队、专业森林消防队等），点击 可以查看选择的气象预警点（气象预警的 5 个级别），如图 9-74。

（5）个人轨迹

主要以列表形式展示护林员的野外巡护信息，包括巡护里程、巡护时长、巡护时间等，并支持在地图查看某护林员的巡护轨迹回放，如图 9-75。

图 9-74　移动终端的森林防火基础信息界面

图 9-75　移动终端的个人轨迹界面

轨迹回放：选择需要查看的轨迹，进入地图界面，点击  可将轨迹缩放到地图界面，如图9-76。

图9-76　移动终端的个人轨迹回放界面

（6）请假申请

本模块提供查看请假记录、请假审批、提交请假申请等功能。

护林员在此模块提交请假申请，查看自己的请假记录、审批状态；上级管理者在此模块查看下级人员请假记录并做出审批处理，也可进行提交请假申请操作，如图9-77。

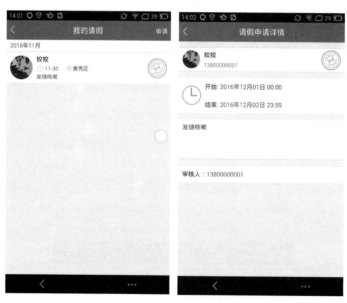

图9-77　移动终端的请假申请界面

（7）新闻动态

本模块主要以列表形式展示森林防火相关的一些动态新闻，展示信息包括文字和图片，其内容与国家森林防火网一致，方便用户随时阅读，如图9-78。

（8）通知公告

本模块主要是展示通知公告列表，县级及以上且用户类型为管理员的用户可发布通知公告。

（9）系统设置

本模块主要是系统的一些设置功能，包括查看和编辑当前登录用户、巡逻轨迹声音开关、强制保存轨迹开关、轨迹自动上传开关、下载离线地图、检查更新、清除缓存、关于护林通、隐私声明、退出登录等操作，如图9-79。注意：下载离线地图功能，针对野外巡护地区信号不佳、网络不稳定的情况，用户一样可以在离线地图上进行放大、漫游、信息查询、路径查询操作。

图 9-78　移动终端的新闻动态界面

图 9-79　移动终端的系统设置界面

（10）一键求助

本模块是给护林员提供求助功能，当遇到危险时，用户通过点击"一键求助"可以将当前的地理位置发送出去，系统接收到后将求助信息下发到其他人员，这样其他人员就可对其进行帮助，如图9-80。

图 9-80　移动终端的一键求助界面

9.5.3　护林员管理

护林员管理子模块用于护林员的信息和管护协议的管理，如图 9-81。

图 9-81　护林员管理界面

系统提供"新增""编辑"和"删除"按钮对护林员信息进行管理，如新增一位护林员信息，点击"新增"，弹出表单界面，填写信息(其中【管护范围】字段填写管护的小班号，以多个小班之间以中文状态下的逗号隔开，以与【数据管理】模块下的地图界面的对应小班图形挂接)，并上传管护协议的附件，点击"确定"即可保存，如图 9-82。

图 9-82　护林员管理操作示例

9.6　档案资料

在【档案资料】功能模块下，选择查询某一档案资料类型及对应年份后，界面展现出该档案资料类型和该年度的所有档案资料，显示年份、档案资料类型、标题、上传日期等基本信息；并支持该档案资料的附件下载功能并支持关键字查询功能：输入关键字信息，点击【查询】按钮，可查询出符合条件的所有档案。页面设计如图 9-83。

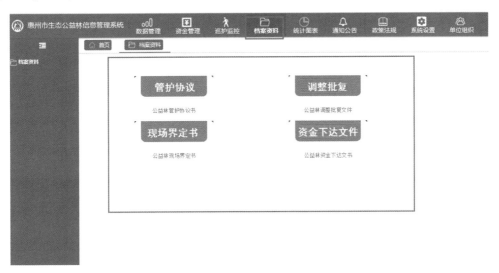

图 9-83　档案资料界面

点击【管护协议】，进入管护协议文件展示页面，输入文件标题包含的文字后，点击【数据查询】按钮可对所有文件进行模糊查询，点击【查看】按钮，可查看对应的管护协议扫描件，如图9-84。

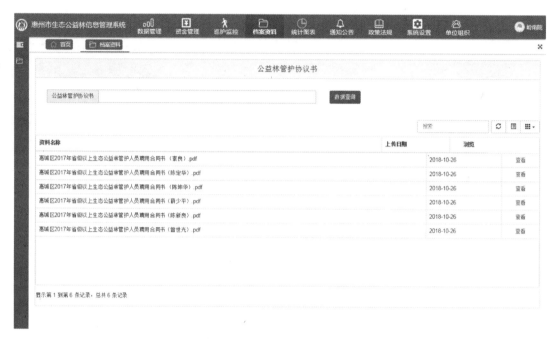

图9-84　管护协议文件展示页面

点击【调整批复】，进入公益林调整批复文件展示页面，输入文件标题包含的文字后，点击【数据查询】按钮可对所有文件进行模糊查询，如图9-85。

图9-85　公益林调整批复文件展示页面

点击【现场界定书】，进入公益林现场界定书文件展示页面，输入文件标题包含的文字后，点击【数据查询】按钮可对所有文件进行模糊查询，点击【查看】按钮，可查看对应的管护协议扫描件，如图9-86。

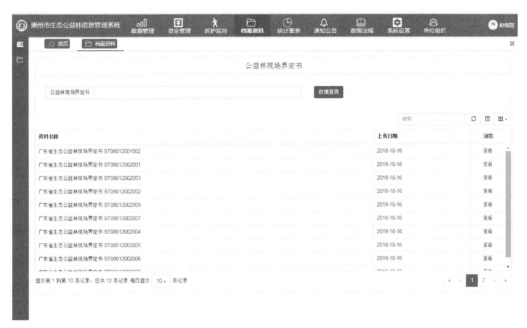

图 9-86　公益林现场界定书文件展示页面

点击【资金下达文书】，进入公益林资金下达文书展示页面，输入文件标题包含的文字后，点击【数据查询】按钮可对所有文件进行模糊查询，如图9-87。

图 9-87　公益林资金下达文书展示页面

9.7 统计报表

【统计报表】功能模块下，包括【公益林专题图】、【公益林统计报表】和【资料下载区】三个子功能模块，用于查看公益林图形和业务相关的统计数据。

9.7.1 公益林专题图

点击进入该子功能模块，系统右边界面可展示各县区的公益林专题图片，点击可放大查看，支持图片下载，如图9-88。

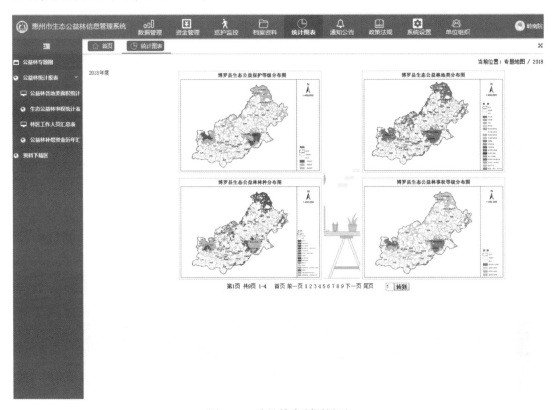

图 9-88 公益林专题图界面

9.7.2 公益林统计报表

提供"公益林各地类面积统计表"（图9-89）、"生态公益林事权等级表"（图9-90）、"林区工作人员汇总表"（图9-91）和"公益林补偿资金历年汇总表"（图9-92）等四类统计报表，以查看"公益林各地类面积统计表"为例，选择县区和年份，点击【数据统计】按钮，数据显示界面即可显示出该查询条件下的统计数据，点击【导出Excel】按钮，可将查询结果导出为 Excel 表格式文件。

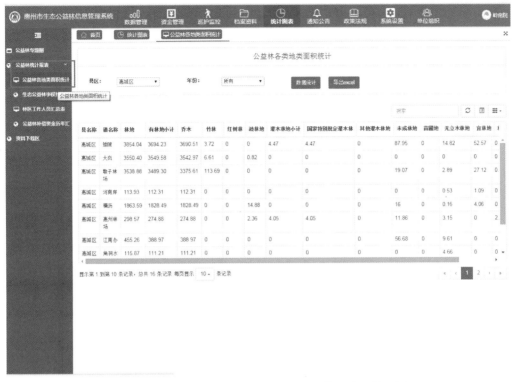

图 9-89　公益林统计报表之各类地类面积统计表操作示例

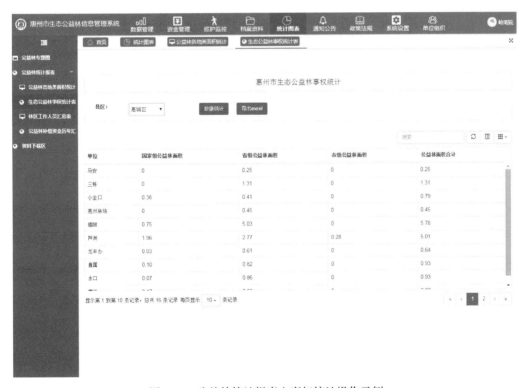

图 9-90　公益林统计报表之事权统计操作示例

图 9-91　公益林统计报表之林区工作人员统计操作示例

图 9-92　公益林统计报表之历年资金汇总操作示例

9.7.3 资料下载区

点击【文件下载区】子功能模块，可打开文件下载区页面，提供公益林管理业务中需用到的资料数据模板下载功能，包括公益林资金发放、公益林调整等相关业务等资料的打印输出模板，点击进入对应文件，支持模板文件的下载预览和下载功能，如图9-93。

图 9-93 文件下载区界面

9.8 通知公告

【通知公告】功能模块包括【新闻中心】和【通知公告】两个子功能模块。

9.8.1 新闻中心

点击【新闻中心】显示框，即进入新闻中心管理界面，界面左边可选择新闻类别，进入对应版块查看新闻，点击新闻标题，可进入查看新闻详情，如图9-94、图9-95。

图 9-94　新闻中心主界面

图 9-95　新闻中心查看操作示例

9.8.2　通知公告

　　点击【通知公告】子功能模块，即可进入通知公告查询界面。界面左边可选择通知公告的类别，进入对应板块查看通知或公告，点击某一通知公告标题，可进入查看详情，如图 9-96、图 9-97。

图 9-96　通知公告主界面

图 9-97　通知公告查看操作示例

9.9　政策法规

【政策法规】功能模块分为"林业法律""行政法规"和"地方性政策"三类法律法规文件，点击文件标题即可打开文档进行查看，如图 9-98、图 9-99。

图 9-98　政策法规界面

图 9-99　政策法规查看操作示例

9.10 系统设置

9.10.1 个人信息

【个人信息】子功能模块中可以修改个人基本信息，包括"基本信息"（图 9-100）、"联系方式"（图 9-101）、"我的头像"（图 9-102）、"修改密码"（图 9-103）、"我的日志"（图 9-104）等选项，点击选择对应的选项，即可在详细信息修改区查看或编辑个人信息，在"我的日志"选项中可查看本用户登陆系统的状态信息。

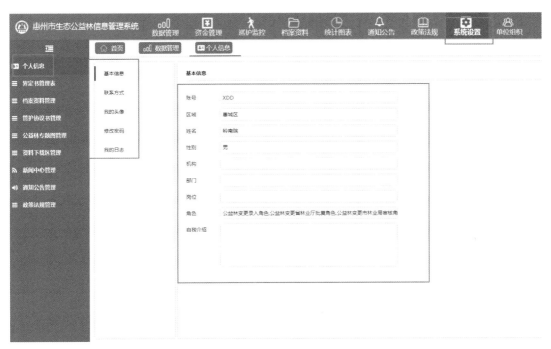

图 9-100　个人信息的基本信息设置界面

图 9-101　个人信息的联系方式设置界面

图 9-102　个人信息的头像设置界面

图 9-103　个人信息的修改密码设置界面

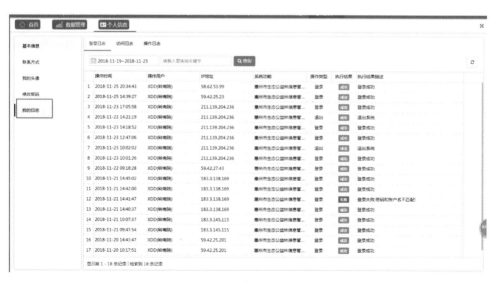

图 9-104　个人信息的日志查看界面

9.10.2　界定书管理

该功能子模块专为系统管理角色用户(或针对于界定书文件信息录入、编辑管理角色的用户)开放，一般系统用户不可见，提供"新增""编辑""浏览"和"删除"四个基本功能，对各镇界定书条目进行管理，新增时选择填写界定书表里的【镇名称】字段，可自动实现数据分区权限展示，如图9-105。

图 9-105　公益林界定书管理表操作示例

9.10.3　档案资料管理

该子功能模块专为系统管理角色用户开放，一般系统用户不可见，用于【档案资料】功能模块下的档案资料文件的管理，提供"新增""编辑""浏览"和"删除"四个基本功能，对档案资料条目进行管理，新增时选择填写界定书表里的【镇名称】字段，可自动实现数据分区权限展示，如图9-106。

图 9-106　档案资料管理界面

点击"新增"按钮可进入新增档案资料表单信息填写界面，填写完毕后上传文件附件，点击"确定"即可保存文件，在系统【档案资料】功能模块下的页面即可同步显示该档案资料，如图 9-107。

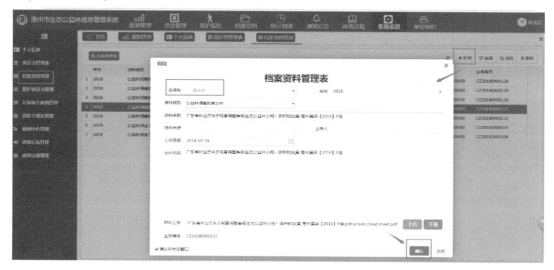

图 9-107　档案资料管理表操作示例

9.10.4　管护协议书管理

该子功能模块为系统管理角色用户开放，一般系统用户不可见，用于【管护协议书管理】功能模块下的公益林管护协议文件的管理，提供"新增""编辑""浏览"和"删除"四个基本功能，对管护协议条目进行管理，新增时选择填写界定书表里的【镇名称】字段，可自动实现数据分区权限展示；【地籍号】字段用于定位管护协议涉及的小班图形，填写时要求如需要填写多个地籍号，须用英文状态下的"，"间隔，不然无法正确保存和定位，如图9-108。

图 9-108　管护协议书管理表操作示例

9.10.5 公益林专题图管理

该子功能模块专为系统管理角色用户开放，一般系统用户不可见，用于【统计报表】功能模块下的【公益林专题图】的管理，提供"新增""编辑""浏览"和"删除"4个基本功能，对各县区的公益林专题图片进行管理，如图9-109。

图9-109　公益林专题图管理界面

点击"新增"按钮可进入新增公益林专题图表单信息填写界面，填写完毕后上传图片附件，点击"确定"即可保存，在系统【公益林专题图】功能模块下的页面即可同步显示该图片，如图9-110。

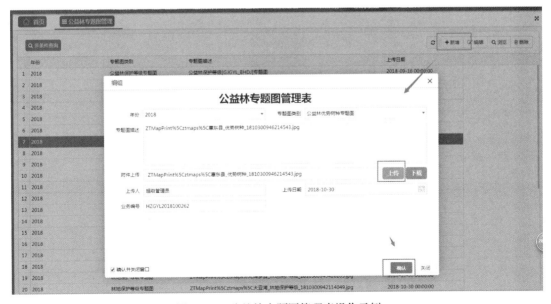

图9-110　公益林专题图管理表操作示例

9.10.6 资料下载区管理

该子功能模块专为系统管理角色用户开放，一般系统用户不可见，用于【统计报表】功能模块下的【资料下载区】的管理，提供"新增""编辑""浏览"和"删除"四个基本功能，对公益林各类业务文件资料进行管理，如图9-111。

图 9-111　资料下载区管理界面

点击"新增"按钮可进入新增资料下载区表单信息填写界面，填写完毕后上传文件附件，点击"确定"即可保存，在系统【资料下载区】功能模块下的页面即可同步显示该资料文件，如图9-112。

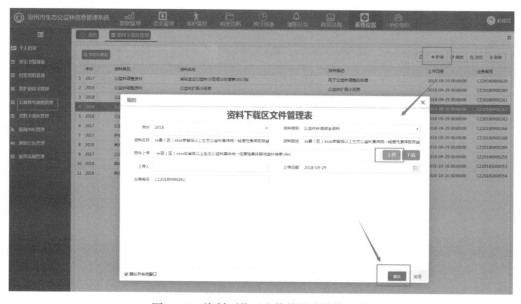

图 9-112　资料下载区文件管理表操作示例

9.10.7 新闻中心管理

该子功能模块专为系统管理角色用户开放，一般系统用户不可见，用于【通知公告】功能模块下的【新闻中心】的管理，提供"新增""编辑""浏览"和"删除"四个基本功能，对新闻中心页面的新闻信息进行管理，如图 9-113。

图 9-113　新闻中心管理界面

点击"新增"按钮可进入新增新闻信息填写界面，填写完毕后上传文件附件，点击"确定"即可保存，在系统【新闻中心】功能模块下的页面即可同步显示该新闻条目，如图 9-114。

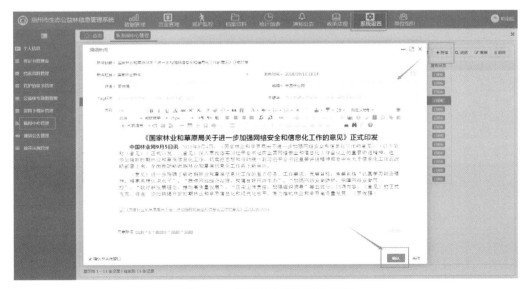

图 9-114　新闻中心编辑操作示例

9.10.8 通知公告管理

该子功能模块为系统管理角色用户开放，一般系统用户不可见，用于【通知公告】功能模块下的通知公告的管理，提供"新增""编辑""浏览"和"删除"四个基本功能，对通知公告页面的通知、公告信息进行管理，如图9-115。

图9-115　通知公告管理界面

点击"新增"按钮可进入新增通知公告信息填写界面，选择公告类别后，根据公告内容填写信息，填好后上传文件附件，点击"确定"即可保存，在系统【通知公告】功能模块下的页面即可同步显示该通知或公告内容，如图9-116。

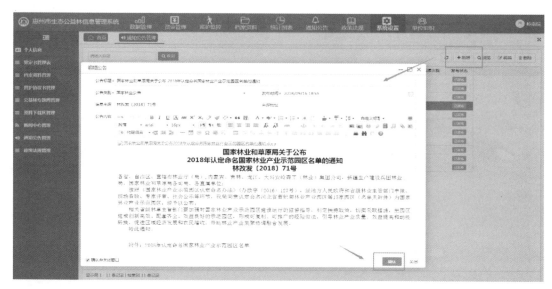

图9-116　通知公告编辑操作示例

9.10.9 政策法规管理

该子功能模块专为系统管理角色用户开放，一般系统用户不可见，用于【政策法规】功能模块下政策法规页面的管理，提供"新增""编辑""浏览"和"删除"四个基本功能，具体对页面的通知、公告信息进行管理，如图9-117。

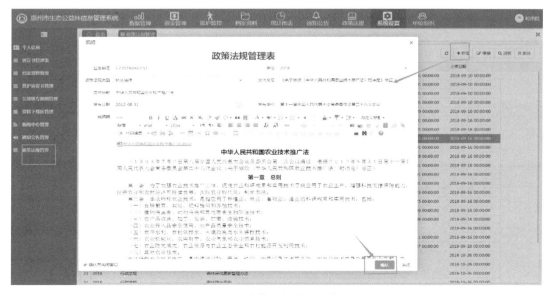

图 9-117 政策法规管理界面

点击"新增"按钮可进入新增政策法规信息填写界面，选择政策法规类别后，根据政策法规内容填写表单各字段，填好后上传文件附件，点击"确定"即可保存，在系统【政策法规】功能模块的页面中，对应政策法规类别下，即可同步显示该政策法规文件内容，如图9-118。

图 9-118 政策法规编辑操作示例

9.11　系统用户管理(单位组织)

9.11.1　单位管理

登陆管理员账户，在单位组织模块下，选择机构管理，即可看到现有机构组织情况，点击右边"新增"，可新增机构，如图 9-119、图 9-120(可选中现有机构，点击"编辑"后对其信息进行编辑修改)。

图 9-119　机构组织情况界面

图 9-120　机构组织新增操作示例

9.11.2 部门管理

登陆管理员账户，在单位组织模块下，选择部门管理，选择博罗县农业和林业局，在右边点击"新增"按钮，在弹出的对话框里填写新增的科室信息，即可新增科室机构，如图 9-121、图 9-122。

图 9-121 部门管理情况界面

图 9-122 部门管理新增操作示例

9.11.3　岗位管理

　　登陆管理员账户，在单位组织模块下，选择岗位管理，选择博罗县农业和林业局，在右边点击"新增"按钮，在弹出的对话框里填写新增的岗位信息，即可新增岗位，如图 9-123、图 9-124。

图 9-123　岗位管理界面

图 9-124　岗位管理新增操作示例

在添加好科室的各岗位后，可点击"添加成员"，如图 9-125（若需查看当前岗位有哪些成员，可点击"查看成员"按钮）。

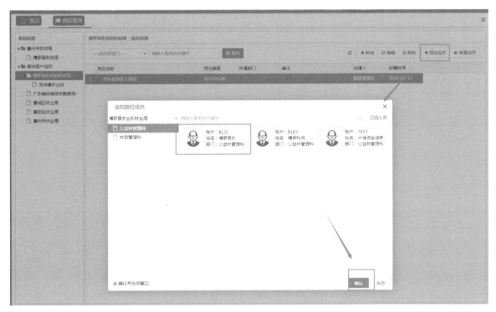

图 9-125　岗位管理人员设置操作示例

9.11.4　角色管理

登陆管理员账户，在单位组织模块下，选择角色管理，右边面板便显示系统当前设置的所有角色。本系统现有配置的系统角色和用户。新建角色时，点击右上角"新增"按钮，可新增角色，如图 9-126（也可对现有角色进行编辑和删除等操作）。

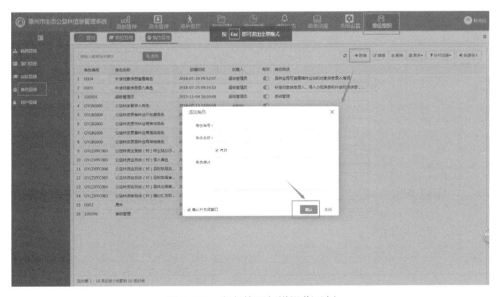

图 9-126　角色管理新增操作示例

在"更多"下拉框中，可以查看该角色成员添加新成员、进行功能授权和数据授权，如图9-127。

图 9-127 角色管理授权界面

对角色进行功能授权，选择所需功能，如图9-128所示。

图 9-128 角色管理功能授权操作示例一

选择所需功能是否使用按钮，如图9-129所示。

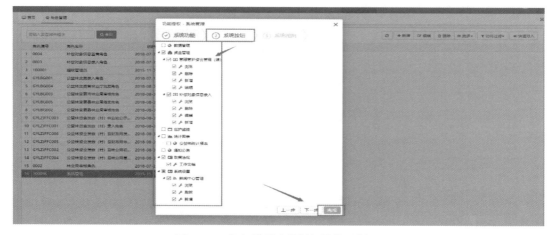

图 9-129 角色管理功能授权操作示例二

选择所需功能是否展示在视图内，最后点击"完成"，即完成设置，如图 9-130 所示。

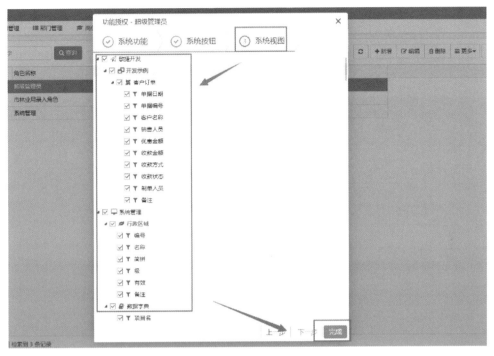

图 9-130　角色管理功能授权操作示例三

9.11.5　用户管理

在单位组织模块下，选择用户管理，选择惠州市林业局，右边面板即展现该机构组织下的用户情况，可对用户人员进行新增和删除（略）；在更多下拉框中，可将用户信息导出 Excel、禁用或启用账户、进行重置密码、功能授权、数据授权及查看关联信息等操作，如图 9-131。

图 9-131　用户管理界面

9.12 系统功能管理

登陆超级管理员账户，在系统管理面板下，选择系统功能，点击"新增"按钮，可新增系统功能，如图 9-132 所示。

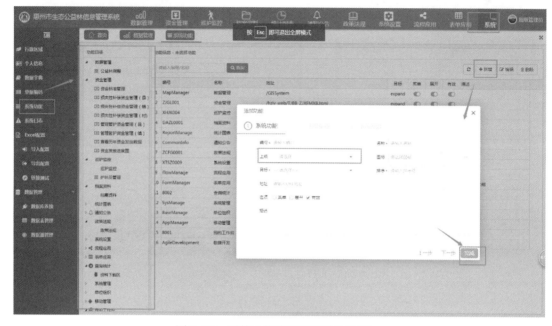

图 9-132 系统功能管理新增操作示例一

新增功能，填写系统功能的基本信息，其中【目标】选项，选择 EXPAND，可支持在该新增的功能下再增加子功能，选择 IFRAME 则不支持在该新增功能下添加子功能，如图 9-133 所示。

图 9-133 系统功能管理新增操作示例二

设置系统按钮，如图 9-134：

图 9-134　系统功能管理新增操作示例三

设置系统视图后，点击确认并完成，即成功设置一个系统功能，如图 9-135 所示。

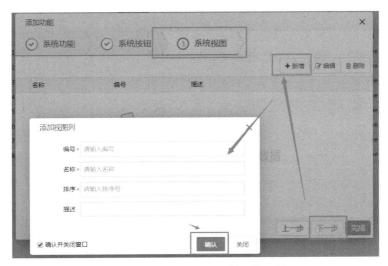

图 9-135　系统功能管理新增操作示例四

10 外业数据采集终端

在公益林管理的过程中，需要对公益林地块的自然属性、管理属性、违法侵占等情况进行现场核实，而公益林在线管理系统内部所采用的影像分辨率精度较低、更新周期较长，不足以确认公益林地块的自然属性及管理属性，所以需要结合外业数据采集终端进行协同操作，以便更好地管理公益林。

为确保公益林外业采集终端能够满足外业调查的需要，需要对外业采集终端的硬件、软件功能等需求进行了解、分析以及确立。

10.1 采集终端硬件需求

10.1.1 机械结构需求

考虑到外业调查时可能需要应对恶劣的天气、需要爬山涉水、进入野外树林等情况，外业数据采集终端需要方便携带，并且具备防尘、防水、防摔，以便在野外遇到极端情况时依然能够正常运行数据采集软件。

为了使外业数据采集终端方便携带，外业数据采集终端尺寸不宜过大。为兼顾野外查看以及便携，终端屏幕尺寸在 7~10 寸之间为宜，终端整体尺寸在 25cm×15cm×3cm 以内为宜。

为应对野外调查的恶劣环境，外业数据采集终端应具备防尘、防水、防摔功能。其中防尘防水依照《外壳防护等级(IP 代码)》标准要求，应具备 IP67 及以上防护等级。防摔应保证在距离 1.5m 处落下而不会产生严重损坏(显示屏、防护玻璃、外壳不破裂)，操作系统、操作软件仍能正常开机运行使用。

10.1.2 性能需求

因外业数据采集终端需要处理大量的图形数据及栅格影像数据，所以对外业数据采集终端的处理性能要求较高，逻辑处理器数量应有 4 个及以上，处理器主频应≥1.5GHz，运行内存应有 2G 以上。

10.1.3　存储需求

为保证外业数据采集时数据操作的高效性及保密性，外业数据采集终端的基础数据采用本地存储的方式进行存储，所以需要外业调查终端的存储空间足够大，一般不能小于 16G 的存储空间。

10.2　采集终端功能需求

10.2.1　属性查询功能需求

外业数据采集过程中需要对所在公益林小班属性进行查询，以便在数据采集过程中比对已有属性信息以及现状信息，并在后期对属性进行相应的调整更改。而对违法侵占公益林事件进行现状核实的时候，也需要对违占的公益林的小班属性进行查询，从而更方便快捷地确认违占事件的性质。

如图 10-1，通过属性查询功能，可以调取矢量小班图形的属性信息，如果属性信息过于繁杂，还可以进行分步显示，增加采集终端页面布局的简洁性(图 10-2)。

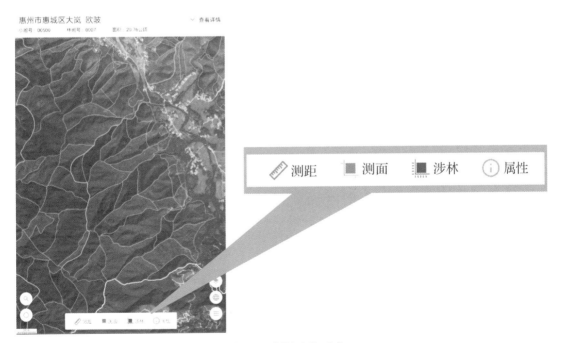

图 10-1　属性查询示意

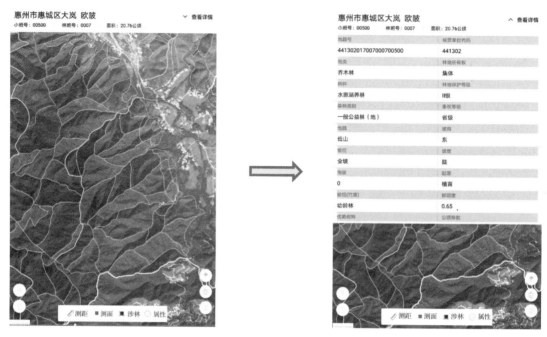

图 10-2　属性详情示意

10.2.2　定位查询功能需求

外业数据采集人员在外业调查的时候需要知道自己身处的位置以及位置涉及的小班，以便更快地查询到所在小班的属性信息，所以外业数据采集终端需要具备定位查询的功能。

定位查询功能需要包括两个子功能：一为获知自己所处位置及其坐标信息，通过外业数据采集终端的定位功能，获知终端所在位置并显示在地图上，以便外业数据采集人员清楚自己所在位置；二为已知需要查询的坐标信息，定位到其所在位置，有了该功能之后可以更方便快捷地定位所需要获知或者到达的公益林小班，并针对所处位置及需要到达位置，制定最优到达路径。

如图 10-3，知道小班所属位置、林班号、小班号，可以快速定位至所在位置的区域，方便调查人员对于小班的查看。

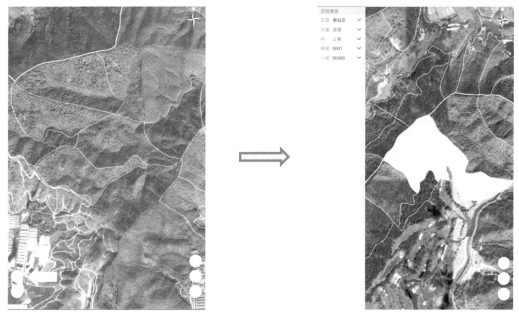

图 10-3　定位查询示意

10.2.3　面积求算功能需求

在违法占用公益林外业调查的时候往往需要对其违占面积进行测算，这就需要在外业数据采集终端中添加面积测算功能(图 10-4)。当违法占用区域并不位于小班内部而仅仅是边缘相交时，则需要计算建筑区内设计违占公益林小班的部分面积，这就需要面积求算功能除了简单的面积求算之外，还需要与公益林小班进行相交运算，得到所涉及的公益林面积。

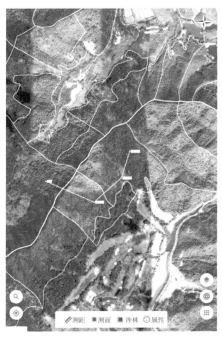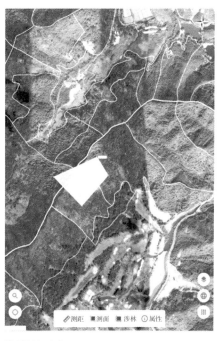

图 10-4　距离量算与面积量算示意

10.3 外业数据调查框架

外业数据调查框架如图 10-5。

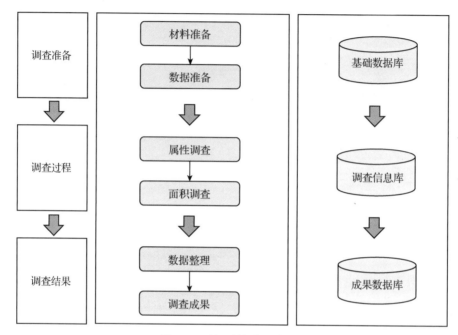

图 10-5　外业数据调查框架

10.4 调查终端数据分析功能

外业数据调查终端具重要的数据分析功能。通过该功能，能够在户外对公益林违占区域进行分析，得到违占区域对应小班的属性信息以及面积。

为了实现数据分析功能，需要结合属性查询和面积测算功能。在外业数据采集时，对属性及面积的查询占据调查的大部分内容。如对公益林违占区域进行面积测算，首先需要知道该区域所涉及的小班是否为公益林、事权等级如何、保护等级等，若为公益林，则需要知道所涉及的面积有多大，虽然更精准的量算需要更加专业的测量工具，如全站仪、无人机等，但是在初次调查时获知大致的面积数据，可辅助调查人员得到调查的初步结论，从而制定更具体的调查方案。

分析工具首先需要调查人员输入涉嫌违占的范围，范围的输入通过单击定点的方式进行，通过点-点连接、线-线相接，形成的面即为需要查询的违占范围。

然后分析工具需要将输入的范围与存储内的公益林小班图层进行剪切运算，得到范围内所涉及的公益林面状数据，数据保留有公益林小班的所有属性数据以供查询。剪切操作得到的面状数据重新进行面积的几何运算，最终得到输入范围所涉及的所有公益林小班属性信息以及涉及的各部分小班面积。

具体操作如图 10-6, 与面积量算工具类似, 激活"涉林"查询工具之后, 在地图中通过打点的方式进行区域的描绘, 然后当系统判定描绘结束之后, 立刻显示涉及公益林面积的计算结果。

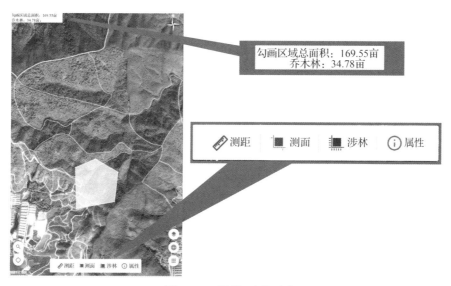

图 10-6 "涉林"查询示意

11 应用前景与展望

11.1 应用前景

生态公益林信息管理系统以计算机技术为依托，结合"3S"技术、数据库技术、网络技术，提供一个信息共享、标准统一、数据详实的基础应用平台，将提升林业信息应用能力，加快林业信息化技术推广，带动林业产业升级转型，推动生态文明体制改革。

11.1.1 实现生态公益林精细化管理

生态公益林信息管理系统实现了公益林资源"一张图"管理，所有公益林地块信息都落在图斑上，做到了图、数、表一致，不重不漏，改变了过去手工纸质化操作的管理方式，提高了数据的精度和准确性。推广生态公益林精细化管理，对生态效益补偿资金准确、足额地发放到林农手中，有着极其重要的作用。

11.1.2 提高生态公益林管理效率

生态公益林信息管理系统实现省、市、县三级动态联网管理，各级生态公益林管理部门通过系统完成各项管理工作，实现了无纸化办公。所有公益林数据、文件、档案都以电子文档的方式存在系统数据库内，可以满足各种方式查询和管理，提升了生态公益林的管理效率，节省了人力、物力、财力。

11.1.3 满足生态效益补偿资金监管要求

目前公益林面积逐年提高，生态效益补偿资金发放规模越来越大。传统管理模式下，资金发放是手工制表、人工核对，一方面工作效率低；另一方面经常发生错漏问题，不利于财政审计部门的监管。通过生态公益林信息管理系统完成资金发放流程，极大地减少了人工工作量，监管部门也可以通过系统核查资金发放情况。

11.1.4 提高生态公益林综合管理水平

通过生态公益林数据"一张图"展示，有助于了解公益林资源的详细信息，为林业资源的优化配置提供准确的参考依据。通过对公益林数据进行综合分析处理，为各级生态公益林主管部门的宏观决策、规划设计等提供快速、准确的信息。

11.2 发展趋势

2016 年 7 月，中共中央办公厅、国务院办公厅印发《国家信息化发展战略纲要》提出：以信息化驱动现代化，建设网络强国，是落实"四个全面"战略布局的重要举措，是实现"两个一百年"奋斗目标和中华民族伟大复兴中国梦的必然选择。党中央把信息化发展上升为国家战略，以信息化促进产业转型发展，积极谋求掌握发展主动权。面向新时代，林业现代化建设迫切需要信息化提供强大高效的创新驱动引擎。

近年来，信息化在林业改革和发展中引领、支撑、辐射作用不断深化，成效显著，实现了林业业务与信息技术的深度融合和协调发展，改变了传统管理方式，扩大了服务范围，创新了服务形式，作用日益凸显，影响迅速扩大，成为林业工作的战略举措，成为实现林业现代化的必然选择。

2017 年 10 月，国家林业局发布《关于促进中国林业移动互联网发展的指导意见》（林信发〔2017〕114 号），林业信息化由"智慧林业"步入"互联网+林业"发展的新阶段。"互联网+林业"充分利用移动互联网、物联网、云计算、大数据等新一代信息技术，通过感知化、物联化、智能化的手段，形成林业立体感知、管理协同高效、生态价值凸显、服务内外一体的林业发展新模式，其内涵是利用现代信息技术，建立一种林业可持续发展的机制。

从趋势上看，未来的生态公益林的信息化管理必然具有以下特征：

一是资源信息数字化。实现生态公益林信息实时采集、快速传输、海量存储、智能分析、共建共享。

二是资源动态感知化。通过布设传感设备和智能终端，利用物联网和移动互联技术，快捷监测森林系统中的生态公益林资源，实时动态获取需要的生态公益林数据和信息。

三是分析预报智能化。利用云平台计算、大数据挖掘和人工智能技术，实现生态公益林数据高精度分析和预报，为科学决策提供客观依据。

四是管理服务协同化。在政府、林农等各主体之间，在生态公益林规划、管理、服务等各功能单位之间实现业务协同，更好发挥数据的价值，服务于林农，服务于生态公益林建设。

总之，利用先进的理念和技术，丰富生态公益林的信息化管理手段，革新生态公益林管理模式，做到低投入、高效益，实现综合管理效益最优化，促进林业可持续化发展，形成生态优先、产业绿色、文明显著的林业生态文明体系。

参考文献

杨城，蔡安斌，严玉莲，2018. 广东省市级生态公益林信息管理系统建设——以惠州市为例[J]. 林业与环境科学，34（4）：123-128.

昝建春，2017. 云南省县级公益林管理信息系统建设与应用[J]. 林业调查规划，42（2）：58-61.

广东省林业厅，2016. 广东省林业发展"十三五"规划[Z]. 广州：广东省林业厅.

邓羽翔，宋利杰，2017. 基于"3S"技术的土地利用现状巡查系统开发与应用[J]. 矿山测量，39（2）：92-94.

刘斌，高勇全，武广臣，2016. 农经权土地产权信息管理系统的设计与实现[J]. 北京测绘，（6）：107-110.

刘丹，黄俊，沈定涛，2016. 长江流域水资源保护监控与管理信息平台建设[J]. 人民长江，47（13）：109-112.

赵海山，党涛，尚建国，2017. 基于"3S"技术的甘肃省农田水利信息管理平台建设构想[J]. 测绘与空间地理信息，40（9）：165-168.

王雷鸣，尹升华，2015. GIS 在矿业系统中的应用现状与展望[J]. 金属矿山，（5）：122-128.

周亮，蔡钧，丁一波，吕征宇，2015. 基于 IFC 的输变电工程三维数字化管理平台研究[J]. 电网与清洁能源，31（11）：7-12.

杨雪清，徐泽鸿，李超，等，2013. 境外森林资源合作信息库管理信息系统研建[J]. 森林工程，29（6）：11-15.

丁胜，2012. 林地保护利用规划信息系统设计与开发[J]. 广东林业科技，28（3）：46-50.

黎志庭，龙田养，徐庆华，等，2017. 东莞市乡土植物保护管理系统的设计与实现[J]. 林业与环境科学，33（4）：104-108.

谢绍锋，欧阳君祥，杨志高，2017. 森林防火一体化集成联动指挥扑救系统研究[J]. 林业资源管理，（2）：110-117.

樊晶，杨燕琼，2015. RS 和 GIS 在森林病虫害监测的应用[J]. 广东林业科技，31

（3）：118-122.

李玫，徐青，朱彩英，等，2015. 县级市建设用地分类信息管理系统的设计与实现 [J]. 测绘与空间地理信息，38（12）：57-60.

刘茂华，韩卯，王岩，等，2015. 移动 GIS 公交查询系统的实现分析[J]. 辽宁工程技术大学学报（自然科学版），34（3）：424-427.

王磊，2016. 深圳市农业用地综合管理信息系统的设计和实现[J]. 电子世界，（15）：200-201.

杨城，2017. 广东省智慧林场信息化系统设计[J]. 林业与环境科学，33（6）：104-108.

国家林业局，2013. 林业数据库设计总体规范：LY/T 2169—2013 [S]. 北京：中国林业出版社.

国家林业局，2013. 林业数据库更新技术规范：LY/T 2174—2013 [S]. 北京：中国林业出版社.

徐刚，2013. 数字城市地理信息公共平台的设计与实现[D]. 厦门：厦门大学.

于淼，邹艳红，熊寻安，等，2018. 基于"3S"技术的水源保护区土地巡查信息管理系统——以深圳市西丽水库为例[J]. 测绘与空间地理信息，41（3）：91-93，96.

广东省惠州市，2013.《关于转发〈广东省经济和信息化委等 6 部门转发进一步加强国家电子政务网络建设和应用工作的通知〉的通知》（惠府办函［2013］14 号）[Z].

国家林业局，2016. 全国林业信息化"十三五"发展规划[Z]. 北京：国家林业局.

湖南省林业分类经营办公室，2011. 新起点 新征程 新跨越——解读《湖南省林业发展"十二五"公益林保护建设规划》[J]. 林业与生态，（2）：16.